Arthur Haas

NATUREN ENLIGT DEN MODERNA FYSIKEN

Stockholm. P. A. Norstedt & Söners Förlag

NATUREN ENLIGT DEN MODERNA FYSIKEN

AV

ARTHUR HAAS

DR PHIL., E. O. PROFESSOR VID UNIVERSITETET I WIEN

Med 17 figurer i texten

Till svenska efter den andra tyska upplagan

STOCKHOLM

P. A. Norstedt & Söners Förlag

Originalets titel:

Das Naturbild der Neuen Physik

STOCKHOLM 1925

KUNGL. BOKTRYCKERIET. P. A. NORSTEDT & SÖNER

240562

Ur förordet till den tyska upplagan.

I de föredrag, vilka sammanförts i föreliggande arbete, skall i så lättfattlig form som möjligt och utan alla matematiska formler redogöras för den moderna fysikens uppfattning av naturen. Det har därvid varit min strävan att icke meddela mer än nödvändigt för att giva åhöraren eller läsaren en åskådlig översikt över vetenskapens senaste resultat, vadan jag i föredragen förbigår allt övrigt, fakta såväl som namn. En del mindre tillägg, i omedelbart samband med vissa delar av föredragen, ha gjorts i form av anmärkningar.

Arthur Haas.

INNEHÅLL.

FÖRSTA FÖREDRAGET.

Den elektromagnetiska ljusteorin.

Alltsedan början av 1900-talet har den bild vi äga av naturen genom den teoretiska fysikens storartade framsteg undergått en fullständig omgestaltning. En radikal omvälvning har ägt rum beträffande naturlagarna. Djupt inrotade föreställningar ha genomskådats såsom ohållbara fördomar och förkastats. Naturfilosofiens äldsta begrepp ha ändrats i sin betydelse. Förr aldrig anade samband ha uppenbarat sig för den fysikaliska forskningen. Den bild vi äga av naturen har på ett storslaget sätt blivit vidgad men därigenom likväl förenklad och gjord mera enhetlig.

Denna fysikens nyaste, hastiga men på samma gång så framgångsrika utveckling förbereddes genom tvenne teorier, som uppstodo redan under senare hälften av 1800-talet och vilka var för sig inneburo ett stort framsteg i strävandet efter samband mellan fysikens olika specialområden. Den ena av dessa teorier, uppställd av *Maxwell*, förklarade ljusföreteelserna såsom elektriska fenomen, varigenom *optiken* blev en *gren av elektricitetsläran*. Den andra teorin förklarade värmefenomenen genom att antaga en ständig rörelse hos de minsta smådelarna, varigenom *värmeläran*, samtidigt med att *atomprincipens* utomordentliga betydelse erkändes, blev en *gren av mekaniken*. I slutet av 1800-talet utvecklades Maxwells teori vidare till *elektronteorin*, som i elektriciteten lät oss lära känna alltings urämne och lät oss urskilja materiens byggnadsstenar såsom små elektriska laddningar.

I utvecklingen av atomprincipen har *kvantumteorin* lett till märkliga resultat, framför allt beträffande förklaringen av spektra, och därigenom lämnat värdefulla upplysningar om den inre byggnaden av *grundämnenas atomer*. *Relativitetsteorin* har åstadkommit en helt ny uppfattning om begreppen rum och tid och har i sin allmängiltighet lett till en ny uppfattning av *tyngdkraften*.

I intimt samband med den moderna fysikens erövringar har stora framsteg ägt rum i vår kännedom om stjärnorna, och därigenom har å andra sidan vår kännedom om världsalltets byggnad vidgats på ett sätt mer storslaget, än man förr kunnat ana.

Det första av dessa föredrag, vilka avse att söka giva en populär framställning av den moderna fysikens uppfattning av naturen, kommer att behandla den av Maxwell uppställda *elektromagnetiska teorin om ljuset*.

Liksom i varje gren av fysiken gives det ock i *optiken* vissa grundläggande företeelser, av vilka väl sedan äldsta tider ljusets rätliniga utbredning, dess reflexion och brytning varit kända.[1] En mängd optiska grundläggande fenomen upptäcktes under senare hälften av 1600-talet, sålunda i första rummet ljusets böjning, dess dubbelbrytning i kristaller, de märkliga färgerna hos tunna skikt, färgspridningen och slutligen tillvaron av en fullt bestämd hastighet hos ljuset. Med frågan om ljusets natur sysselsatte sig på den tiden alldeles särskilt de båda ledande fysikerna *Newton* och *Huygens*, och om de också representerade olika ståndpunkter angående ljusets natur[2] (varpå här icke närmare skall ingås), så voro de dock ense i ett viktigt avseende: ljuset måste vara en beträffande såväl *rum* som *tid periodiskt* fortlöpande företeelse.

En sådan dubbel periodicitet ha vi att föreställa oss på följande sätt. Betrakta vi en bestämd punkt i rummet, så kan på denna punkt en viss följd av tillstånd periodiskt upprepa sig; det tal, som för oss angiver, hur ofta i tidsenheten tillstånden följa på varandra, betecknar man såsom *svängningstalet*.[3] I stället för att jämföra tillstånden på samma punkt vid olika tider kunna vi emellertid också jämföra tillstånden på olika punkter i samma ögonblick. Härför tänka vi oss en rät linje dragen från en punkt och jämföra nu med varandra (i det vi så att säga taga en ögonblicksfotografi) de tillstånd, som förekomma i olika punkter längs denna räta linje. Vi ha då längs denna räta linje en följd av tillstånd i avseende på rummet. Är nu händelseförloppet så beskaffat, att serien av tidstillstånd i en viss punkt är densamma som serien av rumstillstånd i ett visst ögonblick längs en sådan rät linje, då kalla vi i ordets vidsträcktare mening denna dubbla periodicitet i rum och tid för en *våg*.[4] Längs en rät linje eller, som man också säger, längs en *stråle* förekommer periodiskt samma serie av tillstånd, vilka följa efter varandra på bestämda avstånd, som man kallar *våglängd*. För övrigt är vågens *fortplantningshastighet* intet annat än produkten av svängningstalet och våglängden.

De mest bekanta exemplen på vågor äro de, som bestå av svängande rörelseföreteelser och vilka, för att taga ett exempel, framkallas, om man kastar en sten i vatten eller låter en pipa ljuda i luften och därigenom försätter luften i svängningar, vilka vårt öra uppfattar som en *ton*. Ända till senaste tid har nu fysiken varit ledd av strävandet att så vitt möjligt förklara alla fysikaliska företeelser såsom rörelser.[5] Det är därför naturligt, att Huygens också sökte förklara de av honom antagna ljusvågorna såsom *mekaniska*.[6] Men då nu solens ljus fortplantar sig till jorden genom ett uppenbarligen tomt rum, och å andra sidan också den oerhört stora ljushastigheten[7] svårligen lät sig annorlunda förklara, så kunde ljuset inte anses som en vågformig rörelse av ett vanligt ämne. Det återstod därför Huygens intet annat än att låta ljusvågorna bäras av denna hypotetiska, mystiska *eter*, som redan före honom andra tänkare, dock på helt andra grunder, hade antagit.[8] Liksom i fasta eller flytande kroppar skulle enligt Huygens även i etern mekaniska vågor vara möjliga, beroende på elastiska svängningar, och vilka vågor vi just uppfattade såsom ljus.

Det är Newtons och Huygens' stora och bestående förtjänst, att de först hava förstått ljusets periodicitet i rum och tid och därmed i detta ords vidsträckta mening ljusets vågnatur. Att i synnerhet de optiska vågorna uppfattades såsom mekaniska äger visserligen historisk grund genom fysikens på den tiden mekaniserande tendens, men det var för ingen del nödvändigt. Ty för de stora framsteg, som den teoretiska optiken ända fram till Maxwell ju faktiskt gjorde, hade vad Newton och Huygens antagit om ljusets periodicitet i rum och tid fullkomligt räckt till, även om man lämnat frågan öppen beträffande den verkliga naturen hos dessa i dubbel mening periodiska företeelser, och icke i förtid bestämt sig för det speciella antagandet, att de optiska företeelserna skulle vara av mekanisk-elastisk natur.

Vilken utomordentligt enkel förklaring av även rätt komplicerade optiska fenomen man kan vinna genom principen om ljusets periodicitet till rum och tid blev i synnerhet uppenbart, då under åren 1808—1820 en ny grupp av optiska företeelser upptäcktes, vilka man sammanfattar under beteckningen *polarisationsfenomenen.* Dessa fenomen fingo en mycket enkel förklaring genom den optiska våghypotesen, dock först sedan denna kompletterats i ett viktigt och väsentligt avseende, nämligen genom det särskilda antagandet av *ljusvågornas transversella natur.*

För att förklara detta begrepp i dess moderna betydelse är det nödvändigt att först klargöra ett annat begrepp, som för den nyare fysiken är av största vikt, nämligen begreppet *vektor.* Om vi säga, att på en plats temperaturen uppgår till 15 grader, så är temperaturen, genom att man angiver detta enda tal, fullt bestämd, så snart en bestämd *skala* är given för mätning av temperaturen. Det gives emellertid i fysiken även storheter, vilka ingalunda äro fullständigt bestämbara genom angivande av ett enda tal; det finns storheter, vilka bli oss fullt bekanta, först då vi utom deras siffervärde även känna deras riktning. Sådana storheter äro exempelvis hastighet, acceleration, kraft; de ha den egenskapen, att man kan symboliskt åskådliggöra dem genom räta linjer av bestämd längd och riktning. Man kallar sådana fysikaliska storheter, som kunna symboliskt åskådliggöras genom räta linjer, för *vektorer.*[9]

Av vad man genom experiment iakttagit rörande de nyssnämnda optiska polarisationsföreteelserna, fick man nu med nödvändighet följande märkliga resultat: Det optiska tillståndet i en punkt måste vara möjligt att åskådliggöra genom en periodiskt variabel vektor, som dock alltid står *vinkelrätt* mot ljusets fortplantningsriktning; det är därför man just talar om ljusvågornas transversella natur.[10]

Den på denna föreställning grundade och framför allt av *Fresnel* på 1810- och 1820-talen uppställda teorin om ljuset ledde till storartade resultat. Den hade dock sin svaga sida, som med tiden blev en källa till de svåraste misstag. Liksom redan Huygens uppfattade nämligen Fresnel ljusvågorna såsom mekaniska vågor. (Den periodiskt variabla vektorn skulle enligt Fresnels uppfattning helt enkelt vara den räta linje, som man drager från en svängande eterpartikels utgångsläge till den punkt, där partikeln för ögonblicket befinner sig.) Ljusvågorna voro alltså enligt den uppfattning, som var gällande under en stor del av 1800-talet, beroende på eterns elasticitet; därvid uppstodo oövervinneliga svårigheter, emedan föreställningen om rent transversella vågor stod i skarpaste motsats till elasticitetsteorins slutsatser och till de egenskaper, som man av helt andra skäl måste tillskriva den hypotetiska etern.[11] Huru väl än Fresnels elastiska ljusteori bestod provet, då det gällde att förklara komplicerade optiska fenomen, så äro dess grundsatser likväl ohållbara och fulla av motsägelser. Ty antagandet av ljusets vågnatur och transversella natur var riktig men däremot den föreställningen falsk, att dessa vågor måste vara mekaniskt-elastiska.

Det är den engelske fysikern Maxwells ovanskliga förtjänst att först ha insett detta men att samtidigt också först ha genomskådat ljusets verkliga natur. Maxwells verk bestod i att ha sammansmält optiken med elektricitetsteorin.

Elektricitetsläran hade till inemot slutet av 1700-talet uteslutande varit läran om gnidningselektriciteten. Under sista åren av 1700-talet följde upptäckten av de elektriska strömmarna. År 1820 fastslog *Örsted* tillvaron av den s. k. *elektromagnetismen*, nämligen det faktum att en elektrisk ström i sin omgivning åstadkommer ett magnetfält. Elva år senare, 1831, lyckades *Faraday* göra den oerhört betydelsefulla upptäckten av *induktionsströmmarna*; dessa uppstå i en sluten ledning, när det magnetfält, i vilket ledningen befinner sig, *ändras*, vare sig nu detta magnetfält härrör från en egentlig magnet eller alstras genom en annan elektrisk ström.

På de lagar, som elektromagnetismen och induktionsströmmarna följa, grundade sig den exakta teorin om de elektriska och magnetiska fenomenen, och denna teori har Maxwell fullständigat år 1873 genom en ny hypotes av allra största räckvidd. I anslutning till föreställningar av Faraday antog nämligen Maxwell, att det, likaväl som i trådar, även i tomrummet och i elektriska isolatorer kan uppstå ett slag av elektriska strömmar, vilka han betecknade såsom *förskjutningsströmmar*.[12] Maxwell tillskrev nu dessa förskjutningsströmmar fullkomligt *samma egenskaper*, som iakttagas vid slutna ledningsströmmar i trådar. Också förskjutningsströmmarna skulle enligt hans uppfattning alstra ett magnetfält, de skulle framkallas och påverkas genom induktion, och även själva verka inducerande.

Inordnandet av denna hypotes i teorin om elektriciteten och magnetismen förde emellertid på rent deduktiv väg till de underbaraste konsekvenser. Genom matematiska slutledningar framstod nämligen ur hypotesen om förskjutningsströmmarna *den teoretiska möjligheten av elektromagnetiska vågor*, vilka dock i motsats till elastiska vågor måste vara rent *transversella*. Hur skall man nu föreställa sig sådana elektromagnetiska vågor? För besvarande av denna fråga torde det vara ändamålsenligt att först klarlägga ett för den teoretiska fysiken mycket viktigt begrepp, nämligen den elektriska fältstyrkan.

Befinner sig någonstädes en elektriskt laddad kropp, så alstrar den till följd av sin laddning ett s. k. *elektriskt fält*, vilket visar sig däri, att en i dess närhet placerad laddad s. k. provkula påverkas av en attraherande eller repellerande kraft. Denna kraft är enligt elektrostatikens grundlag (den *Coulombska* lagen) proportionell mot laddningens storlek; kvoten mellan kraftens storlek och provladdningen är därför oberoende av laddningen själv. Man kallar denna kvot för den *elektriska fältstyrkan* i ifrågavarande punkt. Fältstyrkan är en vektor i nyss angiven mening; dess riktning är nämligen identisk med riktningen av den kraft, som i ifrågavarande punkt verkar på en positiv laddning.[13]

Om nu den elektriska fältstyrka, som förefinnes i en viss punkt, periodiskt ändrar sin storlek eller sin riktning eller bådadera, så säger man, att i ifrågavarande punkt uppkomma *elektriska svängningar*. Man kallar dessa i föregående sagt lineära, om blott storleken periodiskt förändras, cirkulära om blott riktningen förändras, elliptiska, om såväl storleken som riktningen ändras. Om sålunda i en punkt en bestämd följd av värden hos den elektriska fältstyrkan (i storlek och riktning) återkommer med vissa tidsperioders mellanrum, så följer av Maxwells teori om förskjutningsströmmarna, att i ett godtyckligt ögonblick längs en från den givna punkten dragen rät linje samma serie av värden hos fältstyrkan måste uppträda *periodiskt* även i avseende på *rummet*. Ett sådant förlopp av dubbel periodicitet i tid och rum skall emellertid enligt vad nyss sagts betecknas som en elektrisk våg. Begreppet magnetisk fältstyrka är fullt analogt med begreppet elektrisk fältstyrka; ävenså motsvaras begreppen elektriska svängningar och elektriska vågor av begreppen magnetiska svängningar och magnetiska vågor.

På grundvalen av de redan före Maxwell bekanta lagarna om elektromagnetismen och induktionsströmmarna och på grund av sina nya hypoteser om förskjutningsströmmarna lyckades Maxwell på rent deduktiv väg påvisa följande egenskaper hos de teoretiskt möjliga elektriska och magnetiska vågorna: Varje elektrisk våg är alltid förenad med en lika hastigt fortskridande magnetisk våg såsom en nödvändig följdföreteelse, liksom omvänt ingen magnetisk våg är möjlig utan en elektrisk. Den magnetiska fältstyrkan står alltid vinkelrätt mot den elektriska fältstyrkan och båda stå vinkelrätt mot den gemensamma rörelseriktningen. De elektromagnetiska vågorna äro alltså *transversella*. I motsats till de elastiska vågorna besitta de således den egenskap, som nödvändigtvis, på grund av polarisationsföreteelserna, måste tillskrivas ljusvågorna.

Det märkligaste resultatet av Maxwells teori är emellertid det värde, som teorin fordrar för hastigheten hos de *elektro-*

magnetiska vågorna; och denna fråga sammanhänger å andra sidan på det intimaste med frågan om enheten för elektrisk *strömstyrka.* Man kan nämligen på två olika sätt definiera styrkan hos en elektrisk ström; antingen såsom den mängd elektricitet, som under tidsenheten passerar ett tvärsnitt av ledaren, eller också såsom den magnetiska kraft, som utövas av strömmen. Sålunda ha i själva verket redan före Maxwell fysikerna känt två olika måttsystem för den elektriska strömstyrkan och andra därmed sammanhängande storheter, de s. k. elektrostatiska och de s. k. elektromagnetiska enheterna. Enheten för strömstyrka är icke i dessa båda system densamma; men ej heller deras *förhållande* är, såsom förhållandet mellan t. ex. tum och centimeter, ett obenämnt tal, utan det har, såsom en närmare undersökning visar, karaktären av en *hastighet.*

År 1856 lyckades *Wilhelm Weber* (även bekant som uppfinnare av den elektriska telegrafen) genom en metod, som jag här icke skall närmare ingå på, att på experimentell väg fastställa detta hastighetsförhållande.[14] Han fann därvid, att detta förhållande så obetydligt avvek från det bekanta värdet på ljusets hastighet, att den ringa skillnaden måste tillskrivas den dåtida ofullkomligheten hos de experimentella metoderna.

Maxwells teoretiska undersökningar förde nu till det resultatet, att de elektromagnetiska vågornas hastighet i ett medium å ena sidan voro beroende av Webers nämnda konstant, men å andra sidan även av sådana konstanter, som karakterisera mediet i elektriskt och magnetiskt avseende.[15] I det absoluta *tomrummet* blir rörelsehastigheten lika med *Webers konstant,* vilken ju å andra sidan överensstämmer med *ljusets hastighet.* Detta märkliga resultat förde Maxwell på den tanken att identifiera *ljusvågorna* med de *elektromagnetiska vågor,* som han funnit *teoretiskt möjliga,* så mycket hellre som ljussvängningarnas transversella natur, med matematisk konsekvens följer av förutsättningarna för Maxwells teori. Ett ytterligare, stort företräde för den elektromagnetiska ljusteorin var emellertid också, att ljusets reflexion och brytning kunde förklaras ur Maxwells teori utan hjälp av ytterligare antaganden; i Fresnels elastiska ljusteori var detta däremot möjligt endast förmedelst några särskilt för detta ändamål uppställda, mycket egendomliga hypoteser.

Av Maxvells teori följde även, att ett enkelt samband måste finnas mellan ett ämnes optiska konstanter och samma ämnes elektriska.[16] Att detta ur teorin härledda samband i själva verket förefinnes har senare experimentellt påvisats av *Boltzmann*. Det mest övertygande beviset för riktigheten av den elektromagnetiska ljusteorin lämnades emellertid först femton år senare, 1888, genom *Hertz*' berömda försök. Av dessa framgick nämligen, att vågor i själva verket kunna alstras på rent elektrisk väg, vilka vågor, såsom man kunde påvisa med tillhjälp av elektriska apparater, utbreda sig enligt fullkomligt samma lagar och med samma hastighet som ljusvågorna och såsom dessa kunna reflekteras, brytas, böjas, polariseras samt interferera med varandra.

För att förstå den teoretiska betydelsen av Hertz' försök måste vi först syssla något med den objektiva betydelsen av ett optiskt begrepp av subjektiv art, nämligen begreppet *färg*. Redan Newton har insett, att olikheten i färgförnimmelse är beroende av en *olikhet i våglängd*, och han insåg även, att den relativa skillnaden mellan de bekanta färgerna icke kunde vara avsevärt stor. För det *violetta* ljuset, som begränsar det synliga spektrum åt ena hållet, måste, såsom redan Newton fann, våglängden vara ungefär hälften så stor som för det *röda*, vilket begränsar spektrum åt andra hållet. Omvänt skulle alltså svängningstalet för det violetta ljuset vara dubbelt så stort som för det röda. Likaväl som man i akustiken säger, att en ton, som har ett dubbelt så stort svängningstal som en annan, ligger en oktav högre, så kan man även säga detta i optiken om två färger, av vilka den ena motsvarar ett dubbelt så stort antal svängningar på tidsenheten som den andra. Det synliga spektrum, vilket räcker från rött till violett, omfattar alltså ungefär *en oktav*.

Först i början av 1800-talet lyckades den engelske fysikern *Young* att på grundval av ljusets vågteori finna våglängdernas absoluta storlek och svängningstalen för de olika färgerna. Han begagnade därvid de för honom bekanta mätningarna på de s. k. Newtonska färgringarna, vilka kunna iakttagas, om man på en glasplatta lägger en lins med obetydligt krökta sfäriska ytor. Våglängden för det synliga ljuset uppgår till mellan *4* och *8* *tiotusendels millimeter*; de svängningstal, som motsvara dessa våglängder, äro oerhört stora, vilket ju även kommer till uttryck i den enorma ljushastigheten; de uppgå nämligen till mellan 400 och 800 billioner i sekunden. Tiden för en ljussvängning förhåller sig alltså till en sekund ungefär så, som denna sekund förhåller sig till en tidrymd av tio till tjugu millioner år.

Samtidigt med att Young alltså först beräknade ljusets svängningstal, undergick även ljusbegreppet självt genom tvenne viktiga experimentella upptäckter en väsentlig utvidgning i två avseenden. År 1810 gjorde nämligen den berömde astronomen *Herschel* den märkliga iakttagelsen, att solljusets värmeverkan icke är inskränkt till det egentliga spektrum utan sträcker sig utanför spektrums röda del, ja, t. o. m. når sitt maximum först bortom det röda. Herschel blev därigenom upptäckaren av de *ultraröda strålarna.* Samtidigt fann *Ritter*, att å andra sidan ljusets *kemiska* verkan sträcker sig utöver det violetta spektrum, ja, bortom detta är ännu starkare än i spektrum självt. Han blev alltså upptäckaren av de *ultravioletta strålarna.*

Den allt större och större fullkomligheten hos de fysikaliska instrumenten och metoderna har sedermera möjliggjort ett mycket noggrant utforskande av det ultraröda och det ultravioletta spektrum, varvid man analyserat de ultraröda strålarna genom deras värmeverkan, de ultravioletta genom deras kemiska verkan. För att fastställa värmeverkan förfogar fysikern numera över ytterst känsliga instrument, vilka göra det möjligt att iakttaga värmet från en stearinljuslåga redan på ett avstånd av hundra meter.[17] För att å andra sidan kunna påvisa de ultravioletta strålarna äger fysiken ett synnerligen känsligt instrument i fotografiplåten.

Under det att det synliga spektrum endast omfattar en oktav, har man vid undersökningen av det ultraröda spektrum kommit ända till åtta oktaver bortom det synliga spektrum. Den längsta inom det ultraröda spektrum uppmätta våglängden uppgår till något mindre än en halv millimeter. Bortom den violetta delen av spektrum har man uppmätt fem oktaver med våglängder ända ned till något mer än en milliondels centimeter. Räkna vi alltså de ultraröda och ultravioletta strålarna till ljuset i ordets vidsträcktare mening, så omfattar detta på forskningens nuvarande stadium ungefär *fjorton oktaver*, av vilka *åtta* komma på det *ultraröda* ljuset, blott *en enda* på det för mänskligt öga *synliga* ljuset och *fem* på det *ultravioletta*. Vårt ögas synförmåga är alltså mycket starkt begränsad.

Alla dessa ljusstrålar hos det synliga och osynliga spektrum med våglängder från en milliondels centimeter till en halv millimeter äro nu enligt Maxwells teori ingenting annat än elektromagnetiska svängningar, och de synas därigenom stå i nära samband med de oscillationer, som redan fjorton år före uppkomsten av Maxwells teori hade påvisats av den tyske fysikern *Feddersen* vid urladdningen av en Leydnerflaska. Medelst en mycket hastigt roterande spegel analyserade Feddersen den fotografiska bilden av urladdningsgnistan från en Leydnerflaska och kunde sålunda genom fotografin icke blott påvisa, att urladdningen har en oscillerande karaktär, utan han kunde även bestämma antalet svängningar i sekunden. Han fann sålunda vid sina försök tal av omkring 10 000 till 1 000 000 svängningar i sekunden. Antar man nu enligt Maxwells teori, att dessa svängningar fortplanta sig med ljusets hastighet, så skulle de motsvaras av vågor av åtskilliga kilometers längd, och med dylika vågor kunna helt naturligt experimentella iakttagelser icke anställas.

Det var nu Hertz' stora förtjänst, att han genom åtskilliga konstgrepp väsentligt ökade svängningstalet hos sådana elektriska urladdningsoscillationer. Våglängden kunde därigenom nedbringas till ett fåtal meter, och med vågor av sådan längd kunde nu Hertz bekvämt experimentera och som nämnts påvisa, att de ha fullkomligt samma egenskaper och följa samma lagar som det synliga ljusets vågor. Efter Hertz' försök, vilka som bekant bilda grundvalen för den trådlösa telegrafin, har man så småningom lyckats nedbringa längden av de genom elektriska urladdningar framkallade vågorna till en femtedels millimeter, så att den kortaste elektriska urladdningsvågen har en kortare våglängd än de ultraröda strålarna med längsta våglängd.[18]

Liksom området för de elektriska urladdningsvågorna ansluter sig till ljuset på ena sidan av spektrum, så har man på sista tiden funnit ännu ett annat slag av elektromagnetiska vågor. Dessa senare ligga på andra sidan av spektrum, bortom det yttersta ultravioletta och är än så länge skilt därifrån genom en skenbar lucka på omkring *tre oktaver*. Detta område tillhör de strålar, vilka, då de år 1895 upptäcktes av *Röntgen*, väckte det största uppseende i hela världen.

Frågan om röntgenstrålarnas natur förblev länge oupp-klarad. Visserligen hade fysikerna anledning förmoda, att röntgenstrålarna utgjorde ett med ljuset besläktat fenomen. Det fattades dock ett direkt bevis för förmodandet, och framför allt sågo fysikerna till en början ingen möjlighet att, för den händelse förmodandet befunnes riktigt, verkligen exakt bestämma våglängderna hos röntgenstrålarna. För mätning av våglängder använder man nämligen i optiken s. k. *böjningsgitter*. Dessa utgöras av metallspeglar (helst konkava), försedda med fina linjer, vilka man med tillhjälp av en diamant inritsat på samma ytterst ringa avstånd från varandra, ända till 10 000 på en millimeter. Med sådana böjningsgitter kan man genom en mycket enkel metod (vilken här ej skall beröras) mäta våglängder, såvida de icke äro större men heller icke avsevärt mindre än avståndet mellan två intill varandra liggande linjer i gittret.

Nu hade fysikerna anledning förmoda, att röntgenstrålarnas våglängder, för den händelse dessa likna ljuset, måste vara ungefär tusen gånger mindre än våglängderna hos det violetta ljuset. Följaktligen skulle man för att kunna bestämma våglängderna hos röntgenstrålar behöva böjningsgitter, på vilka linjerna voro dragna med 1 000 gånger mindre avstånd från varandra än på de finaste böjningsgitter, som kunna tillverkas. Man skulle behöva gitter, på vilka linjerna låge så tätt, att det ginge millioner sådana på en millimeter. Den tekniska omöjligheten att tillverka sådana gitter tycktes beröva fysikerna nästan all möjlighet att någonsin kunna bestämma våglängderna hos röntgenstrålarna, då *Laue* år 1912 kom på den geniala tanken att i stället för konstgjorda gitter helt enkelt använda *kristaller*.

Mineralogerna sågo nämligen orsaken till kristallernas regelbundna form i en regelbunden orientering av deras molekyler och atomer.[19] Är detta antagande riktigt, måste, såsom Laue insåg, en kristall på grund av den regelbundna grupperingen av dess smådelar utöva samma verkan som ett böjningsgitter. Verkningssättet vore emellertid mer komplicerat genom den omständigheten, att i en kristall de delar, som motsvara de förut nämnda linjerna, icke såsom vid optiska gitter äro *lineära* utan ha utsträckning i tre dimensioner. Å andra sidan drog man ur olika fysiska resonemang den slutsatsen, att avstånden mellan molekylerna i kristallen voro av storleksordningen högst en milliondels millimeter. Detta skulle motsvara våglängder omkring tusen gånger mindre än det violetta ljusets, d. v. s. just så stora som man antog dem vara hos röntgenstrålarna.

Härav slöt nu Laue, att röntgenstrålar, såvida de verkligen utgöra särskilt korta elektromagnetiska vågor, måste böjas genom kristaller på fullt liknande sätt som vanligt ljus genom de i optiken brukliga böjningsgittren, blott hänsyn tages till de förhållanden, som härröra av att en kristall är ett s. k. rymdgitter och icke lineärt. En fotografiplåt, uppställd bakom en kristall, som är belyst av röntgenstrålar, måste alltså, enligt Laue, vid ett lämpligt anordnat försök visa symmetriskt ordnade svarta fläckar. Av fläckarnas läge vore det vidare möjligt att å ena sidan bestämma våglängden hos de röntgenstrålar, som passerat genom kristallen, och å andra sidan även strukturen hos den använda kristallen. Laues teoretiska slutledningar bekräftades snart genom experiment på det mest glänsande sätt. De röntgenstrålar, som passerade genom kristallerna, framkallade faktiskt på fotografiplåten just de egenartade bilder, som Laue förutsagt (fig. 1).

Laues upptäckt av *röntgenstrålarnas* s. k. *interferens* har blivit

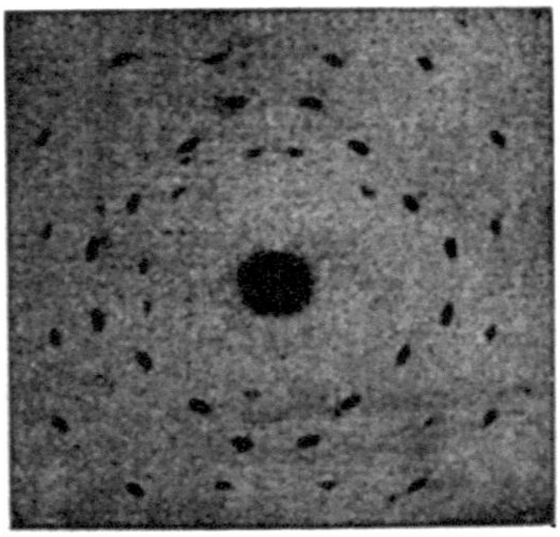

Fig. 1. Fotografiplåt visande röntgenstrålarnas interferens.

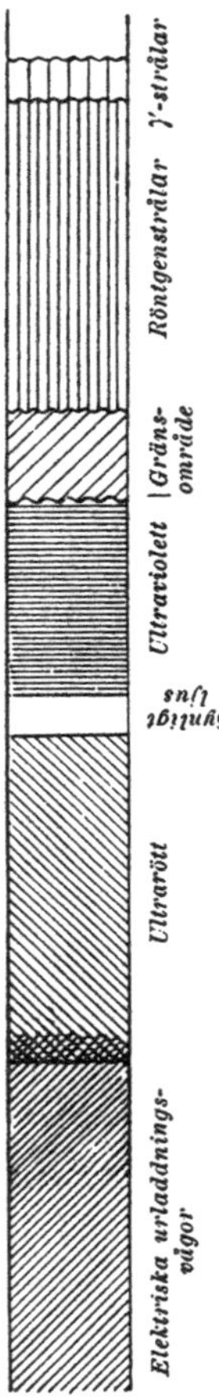

Fig. 2.

av den allra största betydelse för naturvetenskapernas senaste utveckling. Den har, såsom sedermera skall visas, uppenbarat för oss kristallernas struktur och därigenom öppnat helt nya vägar för forskningen inom kristallografin. Den har, vilket jag också sedermera skall ingå på, lett till upptäckten av *röntgenspektra*, vilka sedan givit oss de värdefullaste förklaringar av atomernas inre byggnad. Laues upptäckt har slutligen framför allt givit oss en länge förgäves sökt visshet om röntgenstrålarnas natur.

Vid mätningar meddelst kristallerna framgick det att röntgenstrålarnas våglängder äro av storleksordningen en hundramilliondels millimeter. De medelst kristallerna uppmätta röntgenstrålarna omfatta ett område av omkring *åtta oktaver*[20], vilket område emellertid är skilt från det kortvågigaste ultravioletta ljuset genom ett gränsområde på omkring tre oktaver. I detta gränsområde kunde emellertid på indirekt väg talrika våglängder uppmätas.[21] Ända upp till en oktav högre än röntgenstrålarna av kortaste våglängd kunde man uppmäta de med dem besläktade s. k. *gamma-strålarna* (varom mera i det följande), utsända av radioaktiva ämnen.

Hur försvinnande obetydligt inom spektrums hela utsträckning, sådan vi nu känna den, är icke det för det mänskliga ögat synliga spektrum, vilket innefattar regnbågens färger från rött till violett! Det omfattar ju blott en enda oktav, under det att röntgenstrålarnas område sträcker sig åtta till sexton oktaver bortom det violetta och den trådlösa telegrafins vågor omkring trettio oktaver bortom det röda.

För det subjektiva iakttagandet förefalla visserligen vågorna inom den trådlösa telegrafin, de ultraröda värmestrålarna, det synliga ljuset, de kemiskt verksamma ultravioletta strålarna och röntgenstrålarna såsom helt olika fenomen. Objektivt sett äro de alla en och samma sak, nämligen elektromagnetiska vågor, som sinsemellan skilja sig från varandra endast genom olika våglängder. Möjligheten för och nödvändigheten av dessa elektromagnetiska vågor bero emellertid, vilket Maxwell var den förste att påvisa, först och sist på de båda lagar, som röra de av Örsted och Faraday upptäckta fenomenen, nämligen alstrandet av ett magnetfält genom en elektrisk ström och uppkomsten av en induktionsström i ett föränderligt magnetfält.

ANDRA FÖREDRAGET.

Molekylarstatistik.

Lika länge som teoretisk naturvetenskap existerat, lika länge har man strävat efter att skapa en enhetlig bild av naturen. Redan i antikens naturfilosofi har därför detta strävande lett till en tanke, vars utomordentliga nytta blivit tydligt uppenbarad just genom den teoretiska fysikens senaste utveckling. Det var den atomistiska tanken, vars skapare anses vara den store grekiske filosofen *Demokrit.*[1]

Den bild av naturen, som människan får genom sina sinnesorgan, är icke blott ofullständig på grund av våra sinnesorgans begränsade förmåga, den är också komplicerad tack vare våra sinnens antal. Redan antikens naturfilosofi hade emellertid kommit till den uppfattningen, att dessa många olika sidor av naturen blott vore av subjektiv art. Gentemot denna komplicerade subjektiva världsbild uppställde därför Demokrit en annan absolut och objektiv, i vilken det blott skulle finnas ett enda slag av fysikaliska fenomen, nämligen *rörelse.* Skall nu emellertid alla fysikaliska fenomen hänföras till rörelser, som på grund av litenheten hos de föremål, som röra sig, förbli fördolda för oss, då måste naturligtvis också materien själv tänkas upplöst i idel osynliga smådelar.

Fysikens vidare utveckling har emellertid visat, att den icke kan, såsom Demokrit hoppades, helt och fullständigt hänföras till mekaniken. Genom den moderna fysiken har man emellertid vunnit full visshet om vad som hos Demokrit blott var en djärv hypotes, nämligen att materien är sammansatt av mycket små delar, vilka befinna sig i mycket hastig rörelse. Sedan omkring

50 år har också i fysiken den uppfattningen blivit allmän, att det just är dessa osynliga rörelser hos materiens smådelar, som framkalla värmefenomenen.

Ehuru den första upprinnelsen till den kinetiska värmeteorin sträcker sig tillbaka ända till 1600-talet, har dess exakta utformning dock ej börjat förrän i mitten av 1800-talet och i intimt samband med uppställandet av *värmelärans* s. k. *första huvudsats.*[2] År 1842 gjorde *Robert Mayer* och *Joule* den mycket betydelsefulla upptäckten, att vid värmealstring genom mekaniskt arbete och likaså vid det omvända förloppet ett *konstant förhållande förefinnes* mellan värmemängden och arbetsmängden.[3] Detta märkliga faktum fick nu en ytterst enkel förklaring, nämligen om man i värmet ej såg annat än rörelse, ty satsen om oförstörbarheten av den mekaniska energin vid uteslutande rörelsefenomen hade redan för länge sedan erkänts som en nödvändig, matematisk följd av Newtons rörelseaxiom.[4] Då värme alstras genom arbete, skulle alltså enligt den kinetiska värmeteorin och i full överensstämmelse med mekanikens lagar hela den mekaniska energin förbli oförändrad såsom sådan; vad som skulle kunna variera vore fördelningen av hela energimängden på två delar, dels på sådan energi, som synes oss betingad av de synliga kropparnas rörelse, dels på sådan, som vi tillskriva den osynliga rörelsen hos molekylerna. Då »stor» på grekiska heter makros, »liten» mikros, kan man skilja de båda slagen av energi genom att kalla det ena för makromekanisk och det andra mikromekanisk.

Sin utomordentliga betydelse visade atomhypotesen inom den *kinetiska gasteorin*, vilken på 1850-talet uppställts i exakt form av *Krönig* och *Clausius*.[5] Grundtanken i den kinetiska gasteorin är den, att hos gaser är rörelsen hos de minsta smådelarna, de s. k. gasmolekylerna, helt enkelt *fortskridande* utan att, såsom man antager beträffande de fasta och flytande aggregationstillstånden, molekylerna äro bundna vid vissa jämviktslägen.[6] Från atomsynpunkt har man alltså att tänka sig en gas såsom en svärm av hastigt framåtrusande smådelar, vilka i sin rörelse blott röna inflytande genom närvaron av andra molekyler, som de närma sig i sina banor.[7]

Av denna grundhypotes följa genast på enkelt sätt gasernas väsentliga egenskaper. Att en i ett kärl innesluten gas mot kärlets väggar utövar ett *tryck* förklaras mycket enkelt som en följd av de oupphörliga *stötar*, som väggen ständigt mottager av gasmolekylerna. Blir tätheten hos en gas dubbelt så stor, så bombarderas väggen naturligtvis på samma tid av dubbelt så många molekyler. Trycket måste alltså under f. ö. lika omständigheter vara proportionellt mot gasens täthet, eller m. a. o. vara omvänt proportionellt mot gasens volym. Däri ligger i själva verket, såsom fysikerna insågo redan i mitten av 1600-talet, gasläranss fundamentala lag.[8]

Temperaturen hos en gas beror på medelvärdet av den rörelseenergi, som gasmolekylerna ha; å andra sidan beror rörelseenergin av molekylhastigheten, mot vars kvadrat den är proportionell. Den temperatur, vid vilken molekylerna hos en sådan gas fullkomligt skulle sakna rörelseenergi, alltså befunne sig i fullständig vila, betecknar man som temperaturens absoluta nollpunkt. Dock var detta begrepp redan tidigare, oberoende av den kinetiska hypotesen, gängse bland värmeteoretikerna; med den absoluta nollpunkten menade man nämligen den temperatur, vid vilken trycket hos varje gas försvinner.

Såsom följer av tryckets beroende av temperaturen måste den absoluta nollpunkten ligga 273,1° C under isens smältpunkt. I förbigående sagt kan i detta sammanhang nämnas, att den lägsta hittills på experimentell väg på laboratorium uppnådda temperaturen uppgår till −272,2°, alltså blott omkring 1 grad över den absoluta nollpunkten.[9]

En närmare undersökning visar nu, att molekylhastigheten för en bestämd temperatur utan vidare kan angivas, då man på grund av empiriska mätningar vet, hur tryck och volym hos en gas bero av temperaturen. Clausius har sålunda visat, att molekylerna röra sig med ungefär samma hastighet som kulan, som lämnar kanonen. Så t. ex. är molekylernas genomsnittshastighet i vätgas vid 0° 1,800 m i sekunden.[10] Hos andra gaser är den mindre: ju större gasens molekylvikt är, desto mindre blir hastigheten. Hos syre och kväve, de båda viktigaste beståndsdelarna i luften, är t. ex. hastigheten endast omkring fjärdedelen så stor som hos vätgasen.

Den kinetiska gasteorin erhöll utom av Clausius sin fortsatta utformning främst av Maxwell, skaparen av den elektromagnetiska ljusteorin.[11] Det kanske intressantaste resultatet, vartill de fortsatta gasteoretiska undersökningarna ledde, har fysiken emellertid wienaren *Loschmidt* att tacka för. Loschmidt var nämligen den förste, som bestämde *molekylernas absoluta storlek.*[12] Detta lyckades han göra år 1865 genom forskningar, som rörde dels gasers s. k. inre friktion, dels gasers kondensation. Den teoretiska fysiken har sedermera funnit många mycket mer exakta metoder (vilka skola behandlas senare) för att bestämma molekylernas verkliga storlek. Ja, man torde kunna säga, att vi i dag känna massan av en vätgasmolekyl med relativt större noggrannhet än låt oss säga storleken av jordens massa.

Det noggranna värdet på massan av en vätgasmolekyl, vilket den nutida fysiken förmår angiva, säger oss, att en kvadrillion (d. v. s. en billion billioner) vätgasmolekyler har en massa av tre gram.[13] Då jordens massa uppskattas till 6 000 kvadrillioner gram, så skulle alltså vätgasmolekylens massa förhålla sig till en stens på 130 gram ungefär som samma stens massa till hela jordens.

Så försvinnande små äro alltså de molekyler, vilkas osynliga rörelser av experimentalfysiken erfaras som värme. De händelseförlopp, de tillstånd, vilka för experimentalfysikern äro enstaka förlopp, enstaka tillstånd, visa sig sålunda för atomfysikern såsom sammansatta av ett oerhört antal enstaka händelseförlopp, enstaka tillstånd, och de åstadkommas av just dessa materiepartiklar, vilkas vikt i allmänhet ej ens uppgår till en trilliondels milligram.

Ett och samma fysikaliska tillstånd kan följaktligen betraktas ur två helt olika synpunkter. Ha vi en gas i ett större kärl med skjutbara kolvar, så vet experimentalfysikern allt vad han vill veta om gasens tillstånd, om han känner vilket tryck gasen utövar mot kärlets väggar, hur hög dess temperatur är och vilken volym den upptager med sin massa.[14] Med dessa data har experimentalfysikern fått uttömmande upplysningar om allt, som synes honom värt att känna beträffande gasens tillstånd. För atomfysikern består gasen av kvadrillioner molekyler. För honom är därför gasens tillstånd upplöst i kvadrillioner individuella, rent mekaniska tillstånd. Dessa skulle han i ett givet ögonblick fullkomligt känna först då, när han om varje enskild molekyl visste, på vilken punkt den i det givna ögonblicket befinner sig och med vilken hastighet och i vilken riktning den i samma ögonblick rör sig. Skulle nu verkligen läran om atomerna, vilken åsyftar en förenkling av den fysikaliska uppfattningen av naturen, i stället göra denna uppfattning så oerhört komplicerad? Svaret på denna fråga lämnas oss av en helt enkel undersökning, som vi skola anställa på ett område, vilket skenbart står fysiken ganska fjärran.

Inom befolkningsstatistiken talar man om befolkningens åldersgrupper, om nativitet, om giftermålsfrekvens, om dödlighetssiffror, om procenten självmord o. d., och man talar om den lagbundenhet, som dessa siffror visa. Likväl är denna befolkning, vilken i sin helhet kan utgöra föremål för nationalekonomiska forskningar, sammansatt av ett stort antal individer, vilkas enskilda levnadslopp har tydlig karaktär av tillfälligheter och oregelbundenheter, i synnerhet beträffande sådana frivilliga handlingar som ingående av äktenskap eller begående av självmord.

Det visar sig då, om man blott betraktar ett tillräckligt stort antal individuella fall, att det individuella momentet träder helt i bakgrunden. De individuella tillfälligheterna spela en desto obetydligare roll, ju större det antal enskilda fall är, som utgöra föremål för undersökningen. Detta märkliga faktum, vilket man kallar *de stora talens lag*, utgör grundvalen för alla *statistiska* undersökningar.

Ett exempel torde närmare kunna förtydliga detta. I en millionstad utgör antalet dödsfall pr vecka en jämförelsevis hög siffra (t. ex. 500 pr 1 000 000). Man skall nu finna, att antalet dödsfall pr vecka växlar endast relativt obetydligt inom en månad. Ja, de individuella tillfälligheterna bliva så omärkliga, att om man, låt oss säga, för två olika veckor med längre tidsmellanrum får påfallande olika siffror för dödsfallen, så får man söka en yttre orsak till detta förhållande, vare sig det är så, att till följd av väderleken flera människor dö under en vintervecka än under en sommarvecka, eller att en epidemi har kommit dödlighetssiffran att springa i höjden, eller att den har ökats genom hungersnöd.

Emellertid får man hänföra den växlande dödlighetssiffran till yttre orsaker, endast om denna siffra är relativt stor. Om vi i stället för en millionstad tänka på en småstad med omkring 6 000 invånare, av vilka i genomsnitt omkring tre människor dö pr vecka, och det så skulle inträffa, att under första veckan av mars ena året dö fyra personer och samma vecka andra året två personer, så vore det givetvis helt missvisande, om vi av denna tillfällighet skulle sluta till att hälsotillståndet i staden förbättrats under ett år. Just vid så *små tal* som fyra eller två spelar det *individuella momentet* en väsentlig roll. Vid så små tal kunna nämligen relativt väsentliga förändringar i talen uppstå utan yttre orsak, blott till följd av individuella tillfälligheter.

De enkla reflexioner, vi ha gjort inom befolkningsstatistikens område, kunna emellertid på grund av sin allmängiltighet utan vidare överföras även på molekylerna. Ty liksom de storheter, vilka inom befolkningsstatistiken spela en roll, bero av individuella storheter, vilka karakterisera individuella tillstånd eller händelser, så måste detta, enligt den kinetiska teorin, gälla även för de storheter, som förekomma inom värmeläran. Är nu det fysikaliska händelseförloppet så beskaffat, att det är ett *stort* antal individuella händelser, i vilka det, från atomsynpunkt sett, synes upplöst, då håller jämförelsen med millionstaden streck. Man kan då ur de individuella värdena genom *medeltalsberäkning* härleda *statistiska* storheter, vilka hänföra sig till det hela som sådant. Det är samma förfarande, som när man i befolkningsstatistiken sammanräknar de enskilda dödsfallen, eller när man beräknar genomsnittsåldern genom den ålder, som uppnåtts av avlidna enskilda personer. Om jämförelsen med millionstaden står sig, gäller det också för de fysikaliskt statistiska storheterna, att de utan yttre orsak icke märkbart förändras, såvida de nämligen bero av ett stort antal individuella storheter.

Ett exempel skall närmare klargöra detta. Inom ett med en gas fyllt kärl tänka vi oss en liten tärning, vars kantlängd endast uppgår till en tiotusendels millimeter. Till följd av den rörelse, vari gasens molekyler befinna sig, rusa oavbrutet molekyler med oerhörd fart genom denna tärning. Låt oss nu tänka oss, att en fingerad iakttagare, som vore i stånd att urskilja de enskilda molekylerna såsom sådana, i godtyckliga ögonblick företoge en blixtsnabb räkning av de molekyler, vilka i dessa ögonblick befunne sig inom denna tänkta tärning. Multiplicerar nu denne fingerade atomfysiker det tal han så erhållit med massan hos en molekyl (molekylerna tänkas vara lika stora sins emellan), och dividerar sedan med tärningens volym, så får han en storhet identisk med den, som fysiken betecknar som gasens täthet på ifrågavarande ställe.

Den fingerade atomfysikern tänkes också blixtsnabbt i ett bestämt ögonblick kunna mäta de enskilda molekylernas hastigheter. Multiplicerar han en molekyls massa med halva kvadraten på dess hastighet, så får han ifrågavarande molekyls rörelseenergi. Av de värden, vilka atomfysikern sålunda erhåller för rörelseenergin hos alla de molekyler, som för ögonblicket befinna sig i den lilla tärningen, kan han göra ett medeltal, och genom detta medelvärde vore å andra sidan, till följd av ett enkelt samband, som här lämnas å sido, den storhet bestämd, som experimentalfysikern kallar för *temperaturen* i den punkt, där man i tankarna föreställde sig den lilla tärningen.

Ehuru denna tärning antogs vara mycket liten, nämligen med en kantlängd av en tiotusendels millimeter, innehåller den dock alltid, enligt vad som förut sagts om molekylernas storlek, i regeln tusentals molekyler.[15] Jämförelsen med millionstaden står sig alltså och detta trots den försvinnande litenheten hos tärningen, över vars volym de statistiska undersökningarna sträckte sig. För de tillstånd och förlopp, som beskrivas av den experimentella fysiken, äro de molekylära storheterna därför i allmänhet av underordnad betydelse. Experimentalfysikern tager endast sådana värden i betraktande, vilka medelst statistisk metod uppstått ur ett stort antal i och för sig betydelselösa, enskilda värden. De spontana växlingarna hos dessa statistiska storheter torde emellertid på grund av det stora antalet enskilda fall vara relativt obetydliga. I en gas torde sålunda i allmänhet utan yttre orsaker knappast förekomma större ändringar vare sig i avseende på täthet eller temperatur. Utan yttre orsak torde det därför icke förekomma, att en termometer, som är upphängd i ett rum, visar en plötslig höjning eller sänkning i temperaturen, och om en sådan ändring av termometerns ställning å andra sidan uppträder, utan att vi känna anledningen, så tillskriva vi nödvändigtvis denna ändring en oss obekant, yttre orsak.

Vi tänka oss nu åter vår atomfysiker, som förmår särskilja molekylerna, men som denna gång finge begränsa sina statistiska undersökningar till en ännu mindre tärning. Han må nu betrakta en tärning, vars kant blott uppginge till en tvåhundratusendels millimeter (d. v. s. tjugu gånger mindre än nyss). I denna obetydliga volym torde vid vanligt tryck och vanlig temperatur i genomsnitt finnas blott tre à fyra molekyler. Här skulle man alltså kunna göra jämförelsen med småstaden. Beräknar atomfysikern på grund av ett så obetydligt antal tätheten i den punkt han betraktar, torde den på detta sätt erhållna tätheten komma att utan yttre orsaker uppvisa relativt avsevärda växlingar.

Om en fysiker påvisar *täthetsväxlingar* i en gas eller ej beror alltså uteslutande på huru liten den volym är, som han väljer för sina molekyl-statistiska undersökningar. I verkligheten torde alltså molekylernas täthetsväxlingar vara betydelselösa i alla de fall, vid vilka avstånd på cirka en hundratusendels millimeter äro för små för att behöva tagas hänsyn till. För sådana förlopp däremot, vid vilka så korta eller obetydligt större avstånd ej kunna försummas, måste verkan av molekylernas täthetsfördelning visa sig. Till dessa fenomen hör även en ljusstråles gång genom en gas. Av gasens täthet beror nämligen värdet av den storhet, som karakteriserar gasens optiska förhållande. Denna är den s. k. brytningsindex. Växlingar i tätheten måste följaktligen även hava till följd ändringar i värdet av brytningsindex.

Smoluchowski, till vilken framför allt den teoretiska atomläran står i tacksamhetsskuld för dess stora framsteg under de senaste två århundradena, har funnit, att det är dylika växlingar i brytningsindex hos atmosfären, som framkalla den *blå färgen* på himlen. Riktigheten av denna uppfattning har med säkerhet påvisats genom olika intressanta experiment.[16] På grund av Smoluchowskis teori var det å andra sidan t. o. m. möjligt att genom optiska mätningar av färgen på himlen beräkna molekylernas storlek, i god överensstämmelse med de värden, vilka man erhållit på helt andra vägar. Den blå färgen på himlen, en företeelse, som sedan urminnes tid varit var och en bekant, har alltså genom vår tids fysiska forskning lämnat en glänsande bekräftelse på den atomhypotes, som på rent filosofisk väg redan i forntiden uppställts av en genialisk grekisk tänkare.

Ett ännu tydligare bevis för riktigheten av den kinetiska molekylarteorin lämnas av en företeelse, som iakttogs först för omkring 100 år sedan av botanikern *Brown* och som efter honom allmänt kallas den *Brownska rörelsen*. Tänka vi oss ett föremål upphängt i luften, så erhåller det, enligt den atomistiska uppfattningen, stötar från alla sidor genom de luftmolekyler, som studsa däremot. Är emellertid föremålet så stort, att det kan ses med blotta ögat, så erhåller det även på försvinnande små bråkdelar av en sekund till följd av molekylernas oerhörda antal flera millioner stötar. Men då dessa stötar träffa föremålet från alla möjliga riktningar, så komma de, på grund av den regelbundenhet som är en följd av deras stora antal, i det allra närmaste att upphäva varandras verkan. Följden därav blir den, att ehuru det upphängda föremålet genom molekylernas stötar råkar i en viss darrande rörelse, så är denna dock alltför obetydlig för att kunna iakttagas hos föremål, som äro synliga med blotta ögat. Tänka vi oss däremot ett avsevärt mindre föremål, låt oss säga en fritt svävande partikel, som ej ens kan urskiljas i ett vanligt mikroskop utan endast i ett ultramikroskop,[17] så måste stötarnas individuella oregelbundenheter märkbart visa sig, och den lilla partikeln på grund av de från alla sidor kommande oregelbundna stötarna befinna sig i en livlig sicksackrörelse.

Faktum är också, att Brown redan år 1827 under mikroskopet upptäckte egendomliga, oregelbundna rörelser hos växtpollen i vätskor och med en lineär dimension av ungefär en tvåhundradels millimeter. Brown har också fastslagit, att dessa rörelser äro desto livligare, ju mindre pollenkornen äro. Femtio år senare fann *Christian Wiener* den verkliga orsaken till denna företeelse ligga i det inre rörelsetillstånd, vilket enligt den kinetiska teorin måste tillskrivas vätskan. Först långt senare lyckades *Ehrenhaft* påvisa Browns rörelse även hos *gaser*. Den exakta utformningen av *Browns rörelseteori* är framför allt *Einsteins* och *Smoluchowskis* förtjänst.

Vi ha emellertid en bestämd känsla av att, när allt kommer omkring, alla molekylarstatistiska undersökningar grunda sig på *sannolikhetsberäkningar*. Vi ha sålunda sett, att förändringarna relativt bli desto större, ju mindre det antal enskilda fall är, ur vilka det varierande värdet har uppstått, och att växlingarna bli omärkliga, om antalet enskilda fall är mycket stort. Detta förklarades just därav, att sannolikheten för en förändring av bestämd, relativ storlek (t. ex. för en tillfällig fördubbling) hastigt avtager, om antalet enskilda fall ökas, t. ex. endast från tre till tjugu. Icke så sällan lär det kunna hända i en småstad, där det i genomsnitt dör tre människor i veckan, att under en vecka ingen person avlider. För en millionstad däremot är någonting sådant till den grad osannolikt och därför så oerhört sällsynt, att man lugnt kan påstå, att, så länge det funnits och kommer att finnas millionstäder, ett sådant fall över huvud taget aldrig någonsin inträffat eller kommer att inträffa. Man kan lugnt påstå detta, emedan just sannolikheten för att påståendet skulle vara oriktigt är oerhört ringa. En händelse, vars sannolikhet är oerhört ringa, beteckna vi emellertid helt enkelt som *omöjlig*; skillnaden mellan de båda begreppen är så obetydlig, att i allmänhet ett särskiljande dem emellan synes överflödigt. Exempel, som vi skola hämta från ett helt annat område än den egentliga fysiken, torde närmare klargöra detta.

I en stad finnes en hörsal, i vilken dagligen bruka hållas föredrag för ett antal åhörare, vilket vi för enkelhetens skull kunna antaga alltid vara lika stort. Vi vilja nu göra oss den frågan, om *av en ren händelse* en dag det fallet kunde inträffa, att blott sådana åhörare infunne sig, vilkas namn börja på M. Detta fall vilja vi i det följande för korthetens skull kalla »M-fallet». Den, som i sin egenskap av lekman icke så noga reflekterar, torde väl utan vidare förneka den rent tillfälliga möjligheten av ett sådant M-fall. Det fullständiga svaret lämnas oss dock först genom följande enkla resonemang. Vi ha ännu endast tänkt oss ett godtyckligt men dagligen lika stort antal åhörare. Men antaga vi, att det konstanta åhörareantalet blott uppginge till två, och vidare, att en tjugondel av stadens invånare ha släktnamn, som börja på M, så är sannolikheten för M-fallet, om vi räkna med två åhörare, en fyrahundradel. Eller m. a. o. på i genomsnitt vart 400:de föredrag kommer ett, vid vilket M-fallet inträffar. Om föredragen äga rum dagligen, skall alltså i genomsnitt M-fallet inträffa var 400:de dag. Tiden 400 dagar beteckna vi därför som det genomsnittliga periodtalet för M-fallet, beräknat för två åhörare.

Är åhörarantalet emellertid icke två utan tre, så blir periodtalet tjugu gånger större, och för varje enhet, varmed vi höja åhörarantalet, blir periodtalet tjugu gånger större. Redan med fem åhörare skulle det bli 8 000 år, med sju åhörare omkring 3 millioner år, med tio åhörare omkring 30 milliarder år, med tjugu åhörare omkring en tredjedels kvadrillion år. Med ett hundra åhörare skulle M-fallets periodtal angivas med ett antal år, som måste tecknas med mer än 100 siffror. T. o. m. om ifrågavarande stad hade samma ålder, som måste tillskrivas jorden, ja solsystemet, och t. o. m. om hela denna tid föredrag dagligen hållits inför 100 åhörare, så vore dock sannolikheten oerhört ringa, att under denna långa tidrymd, längre än vi kunna föreställa oss, ens en enda gång det fallet inträffat, att av en ren händelse till ett föredrag endast infunnit sig åhörare med begynnelsebokstaven M.[18]

Ur vår mänskliga, antropomorfiska synpunkt — att räkna med ännu större tidsförlopp vore meningslöst — kunna vi alltså beteckna det rent tillfälliga inträffandet av M-fallet såsom uteslutet. Rent allmänt taget kunna vi ur antropomorfisk syn punkt, vilken naturligtvis icke är absolut, anse sådana tillfällighetshändelser omöjliga, vilkas periodtal enligt mänskliga begrepp är oerhört stort. Av samma skäl hålla vi det också för praktiskt omöjligt, att av en ren tillfällighet åhörarna i en hörsal sitta så ordnade, att i högra delen av salen endast sitta åhörare med begynnelsebokstäverna A till L och i den vänstra delen endast åhörare med begynnelsebokstäverna M till Ö.

De reflexioner och slutledningar, som vi ha gjort, låta sig emellertid nu på grund av sin allmänna karaktär utan vidare överflyttas från människor till molekyler. Liksom människorna ha olika begynnelsebokstäver på sina namn, ha molekylerna olika rörelseriktningar och olika hastigheter.[19] Från molekylarstatistisk ståndpunkt mena vi nu med ett förlopp, vilket experimentalfysiken betecknar som rörelseförlopp (i ordets trängre bemärkelse), att ett oerhört stort antal molekyler röra sig i samma riktning och med samma hastighet. Är detta fallet, tala vi i experimentalfysiken om strömningar eller virvelrörelser, vilka förekomma i gaser. Det är då fråga om förlopp, vilka äga en makromekanisk energi i motsats till den mikromekaniska värmeenergin. Det fall, att av en ren händelse hundra närliggande molekyler i ett ögonblick skulle ha samma rörelse, skulle man kunna jämföra med det nyss omtalade M-fallet. Det ena som det andra måste ur antropomorfisk synpunkt betecknas som uteslutet; ja, sannolikheten för att i en gas, vilken för den iakttagande experimentalfysikern skenbart befinner sig i vila, händelsevis skulle på grund av värmerörelsen uppstå ett *mekaniskt, för de yttre sinnena iakttagbart förlopp*, är oerhört mycket mindre än sannolikheten för M-fallet vid ett antal av hundra individer, ty för att ett makromekaniskt förlopp skulle uppstå, måste icke blott hundra molekyler samverka utan millioner sinom millioner.

Molekylerna ha i sin oregelbundna rörelse, vilken kallas värme, hastigheter, vilka äro olika, icke blott till riktningen utan såsom nämnts även till storleken. Vi tänka oss nu ett kärl, i vilket finnes en gas. Om det av en tillfällighet inträffade, att i högra hälften av kärlet funnes företrädesvis de molekyler, vilkas hastighet är större än genomsnittshastigheten, och i den vänstra molekyler med mindre hastighet, så skulle detta betyda en tillfällig temperaturskillnad, i det den högra hälften av kärlet bleve varmare, den vänstra kallare. Ett sådant fall synes praktiskt taget lika uteslutet som det nyss angivna, den slumpvis ordnade fördelningen av åhörare inom de båda hälfterna av en hörsal. Ur antropomorfisk synpunkt, men också blott ur denna, kunna vi alltså beteckna det såsom omöjligt, att värmeenergi genom en ren tillfällighet skulle förvandlas till makromekanisk energi eller att inom en överallt lika varm kropp temperaturskillnader av sig själva skulle uppstå.

Om nu emellertid, rent allmänt talat, tillstånd av högre sannolikhetsgrad äro oftare förekommande än sådana av mindre sannolikhetsgrad, så måste naturligtvis varje tillstånd av mindre sannolikhetsgrad visa en *skenbar strävan* att *övergå* i ett tillstånd med *högre grad av sannolikhet*. Från sin antropomorfiska ståndpunkt måste alltså experimentalfysikern komma till den slutsatsen, att *makromekanisk energi*, vilken han uppfattar med sina sinnen, *visar en tendens att förvandlas till värmeenergi*, att varje makromekaniskt förlopp alltid till följd av friktionen måste vara förenat med *värmeutveckling*, men även att å andra sidan förefintliga *temperaturskillnader* måste ha tendens att *utjämnas*. Då alltså den tillfälliga förvandlingen av makromekanisk energi till värmeenergi äger en grad av sannolikhet, som gränsar till fullständig visshet, men det omvända förhållandet en så ringa sannolikhetsgrad, att man ej kan tänka sig den, och då detsamma gäller även för temperaturutjämning och dess motsats, så måste alla naturliga förlopp hos den antropomorfiska fysiken visa sig såsom *icke omvändbara* eller som man också säger, *irreversibla*.

Denna uppfattning utgör emellertid innehållet i en sats, som vid mitten av 1800-talet införlivades med värmeläran som dess s. k. *andra huvudsats* och som på grund av de filosofiska problem, som den tycktes visa hän på, alltid hade en i viss mån mystisk prägel. Från den moderna molekylarstatistikens synpunkt är den andra huvudsatsen strängt taget ingen lag utan blott en *regel*, för vars riktighet finns en viss sannolikhet, som praktiskt taget alltid är detsamma som visshet. Den andra huvudsatsen kan alltså anses riktig endast av den fysik, som, i likhet med en grekisk tänkare,[20] på alla frågor anlägger en i ordets egentliga mening »mänsklig måttstock».

Såsom sann kan den andra huvudsatsen anses blott av den fysik, som kallar varje påstående sant, för vars vederläggning genom erfarenheten sannolikheten ligger under all mänsklig föreställningsförmåga. Med avseende på sådana fall, som ställa sig bortom det för människan fattbara, kan emellertid den andra huvudsatsen icke göra anspåk på full giltighet.

Denna nya uppfattning av den andra huvudsatsen går tillbaka till *Boltzmann*, som var den förste, vilken år 1866 för satsen fann en atomistisk tolkning, i det han här tillämpade sannolikhetsberäkningar.[21] Den stora förtjänsten för att ha klart genomarbetat och fulländat den genialiske Boltzmanns tanke tillkommer emellertid Smoluchowski, vilkens undersökningar falla inom de tjugu första åren av 1900-talet.

Som vi ha sett, förmår alltså människoanden fatta en ordnande verkan av slumpen endast då, när antalet individuella fall är ringa. Exemplet med det av oss kallade M-fallet har ju visat oss, att redan vid ett antal av blott hundra individer (av, om man så får uttrycka sig, tjugu olika slag) är den mänskliga anden ur stånd att om också i avlägsnaste grad fatta en förhandenvarande ordning såsom ett verk av slumpen. Till följd av molekylernas utomordentliga litenhet förekomma emellertid i luften i ett rum alltid många kvadrillioner individuella fall. Ville man i system med ett så oerhört antal individer angiva periodtiden för en tillfällig och av sinnena iakttagbar ordning, så skulle det antal år, som anger periodtiden, vara ofattbart stort. Det skulle vara så oerhört stort, att de siffror, som bilda detta tal, icke på långt när skulle kunna rymmas på en pappersremsa, som räckte ända till månen.

Hur skulle, efter vad som sagts, en mänsklig ande kunna fatta den möjligheten, att denna världsalltets ordning genom en slump uppstått ur det kaos, som förefinnes inom den oregelbundna molekylära värmerörelsen i universum. Men oförmågan hos vår tanke att fatta detta kan ej utgöra något bevis mot en sådan möjlighet. Om det berättigade i ett dylikt antagande kan ej fysiken utan blott filosofin döma. Den moderna molekylarstatistiken har visat den teoretiska möjligheten för ett sådant antagande visserligen endast i samband med att den även visat dess *ofattbarhet.*

TREDJE FÖREDRAGET.

Elektronteorin.

Den elektromagnetiska ljusteorin och den mekaniska värmeteorin äro två storverk, vilka utfördes av den teoretiska fysikens målsmän i andra hälften av 1800-talet. Genom Maxwells teori hade elektriciteten tilldelats den förnämsta rollen bland naturkrafterna; å andra sidan uppnådde den mekaniska värmeteorin sina stora resultat tack vare *individualiseringsprincipen*, tillämpad på materien. Fysikens fortsatta utveckling måste därför leda till att denna princip, vilken befunnits så resultatrik, fick användning även inom elektricitetsläran, och detta var tydligen möjligt endast genom antagandet av *små individuella, elektriska laddningar*, vilka tänktes sammanförda till ett helt, till de såsom *molekyler* betecknade individer, i vilka den mekaniska värmeteorin tänkte sig *materien sönderdelad.* Av gammalt hade å andra sidan *kemins* grundläggande satser tvingat till den slutsatsen, att molekylerna äro sammansatta av ett vanligen icke stort antal så kallade *atomer*, av vilka det bör finnas lika många slag, som kemin känner grundämnen. Denna hypotes uppställdes redan år 1805 av *Dalton*; den grundar sig på en empirisk, av Dalton upptäckt lag, vilken kallas *lagen om de multipla proportionerna*, och vars innehåll man kan uttrycka på ungefär följande sätt: Det finnes för varje kemiskt grundämne ett bestämt, karakteristiskt tal så beskaffat, att de viktsmängder av olika grundämnen, vilka förekomma i en kemisk förening, förhålla sig till varandra så som hela mångfalder av de för de ifrågavarande elementen karakteristiska talen.

Lagen om de multipla proportionerna får nu en mycket enkel förklaring genom antagandet, att de för grundämnena karakteristiska talen icke beteckna annat än deras atomers relativa vikt, och att just molekylerna uppbyggas av atomerna tillhörande de kemiskt förenade grundämnena. Man tänker sig alltså t. ex. en vattenmolekyl bildad av två väteatomer och en syreatom, varvid i förhållande till vätet atomvikten hos syret uppgår till omkring 16, d. v. s. en syreatom är omkring 16 gånger så tung som en väteatom.[1] Svavelsyremolekylen tänker man sig sammansatt av två väteatomer, en svavelatom och fyra syreatomer o. s. v.

Hade å ena sidan Daltons teori antagit de kemiska grundämnenas atomer såsom materiens byggnadsstenar, så ledde å andra sidan *elektrokemins* grundsatser så småningom till den vissheten, att *bestämda elektriska laddningar* måste vara *förbundna med atomerna.* År 1833 hade *Faraday* upptäckt utomordentligt enkla lagar för *elektrolysen* d. v. s. för kemisk sönderdelning genom elektrisk ström av elektriskt ledande vätskor. Det mest bekanta exemplet härpå är vattnets sönderdelning i dess beståndsdelar, av vilka väte bildas, där strömmen lämnar vattnet, och syre, där den inledes.[2] Elektrolysen låter sig nu utomordentligt lätt förklara, om man antager, att i vätskeformiga strömledare molekylerna äro helt eller delvis kluvna i två beståndsdelar, s. k. joner, laddade med motsatta slag av elektricitet.[3] Man skulle exempelvis kunna antaga, att en vattenmolekyl är sönderdelad i en positivt laddad vätejon, bestående av två väteatomer, och i en negativt laddad syrejon, bestående av en syreatom. Elektricitetens ledning i vätskor har man då helt enkelt att föreställa sig såsom en *transport* av sådana joner, vilka på grund av de motsatta elektriska laddningarna vandra i motsatta riktningar, så att de positiva jonerna utfällas vid strömmens utgångsställe, de negativa vid dess ingång.[4]

Elektrolysens av Faraday upptäckta lagbundenhet[5] får nu en mycket enkel förklaring genom antagandet, att varje elektriskt laddad väteatom, d. v. s. i s. k. jontillstånd, tillkommer precis samma mängd elektricitet, det *elektriska elementarkvan-*

tum, och vidare genom antagandet, att en godtycklig jons laddning är lika med det elektriska elementarkvantum eller dubbelt så stor eller tre gånger så stor o. s. v. alltefter ifrågavarande jons kemiska s. k. värdighet.[6]

Storleken av det elektriska elementarkvantum känna vi nu för tiden medelst flera olika metoder mycket noga (dessa metoder komma att behandlas i fjärde föredraget). Ungefär två milliarder elektriska elementarkvanta utgöra den s. k. absoluta elektrostatiska enheten för elektricitetsmängd, om vars storlek man får en föreställning, då man vet, att de vanliga laddningarna hos Leydnerflaskor uppgå till några få elektrostatiska enheter.[7]

Laddningen hos en joniserad väteatom är således absolut taget icke stor men relativt sett högst avsevärd på grund av molekylernas och atomernas utomordentliga litenhet. Betrakta vi nämligen två joniserade väteatomer, så finna vi, att mellan dem verka två olika krafter, å ena sidan gravitationen eller tyngdkraften, emedan ju de båda atomerna till följd av sin massa inbördes attrahera varandra, å andra sidan en elektrisk kraft, emedan ju de båda joniserade atomernas elektriska laddningar verka bortstötande på varandra; båda krafterna äro härvid omvänt proportionella mot kvadraten på avståndet mellan atomerna. Genom en enkel räkneoperation finner man nu lätt, att den elektriska kraften mellan de joniserade atomerna är ungefär en sextillion gånger så stor som tyngdkraften mellan dem, alltså en trillion gånger en trillion gånger så stark.[8]

Insikten om att atomerna måste vara förbundna med elektriska laddningar fick en alldeles särskild betydelse genom två nya, viktiga begrepp, vilka omkring år 1900 infördes i elektricitetsteorin, nämligen begreppen konvektionsström och elektromagnetisk massa. Begreppet *konvektionsström* har framgått ur undersökningar av de verkningar, som utövas av en *i rörelse stadd elektrisk laddning*. Det låg nära till hands att antaga, att rörelsen av en laddad kropp alstrade en elektrisk ström, och att en sådan ström, som man just kallade konvektionsström, hade *samma egenskaper*, vilka på empirisk väg konstaterats hos *ledningsströmmar* i trådar. Att denna förmodan äger sin riktighet bekräftades redan år 1876 genom ett försök av den amerikanske fysikern *Rowland.* En platta, belagd med elektriskt laddade stanniolsektorer, sattes av denne i hastig rotation, varigenom en i närheten befintlig magnetnål vred sig på fullkomligt samma sätt som genom påverkan av en vanlig ledningsström.

Med kännedomen om att en konvektionsström har alldeles samma egenskaper som en ledningsström, lyckades emellertid *Joseph John Thomson* att år 1881 draga en överraskande slutsats. Enligt Maxwells teori måste nämligen varje elektriskt eller magnetiskt fält representera en viss *energi.* Å andra sidan alstras emellertid ett magnetfält av en i rörelse stadd elektrisk laddning, emedan den ju utgör en konvektionsström. Detta magnetfält och därmed även dess energi existera endast, om laddningen är stadd i rörelse. Enligt energiprincipen kan emellertid denna magnetfältets energi omöjligen uppstå ur intet. Ovillkorligen kräves därför en förbrukning av energi för att över huvud taget försätta en elektrisk laddning i rörelse. En elektrisk laddning äger alltså den egenskap, som kallas *tröghet* eller *trög massa.* En stens tröghet t. ex. yttrar sig ju just i att det fordras en förbrukning av energi för att sätta den i rörelse och för att giva den en bestämd hastighet. Varje elektrisk laddning förhåller sig följaktligen så, som om den hade en bestämd massa, vilken man kallar dess *elektromagnetiska massa.* En närmare undersökning visar, att den elektromagnetiska massan måste vara proportionell mot kvadraten på laddningen och, såvida laddningen är sfärisk, omvänt proportionell mot kulans radie, d. v. s. ju mindre radien är, desto större är massan.[9]

Från begreppet elektrisk laddning kan alltså över huvud taget icke skiljas begreppet massa. Därav följer att ovillkorligen *varje konvektionsström* samtidigt måste anses som *ett mekaniskt system.* Varje konvektionsström kan alltså betraktas från två helt olika sidor; på densamma kunna tillämpas elektricitetsläraus lagar såväl som mekanikens. Just genom att *dessa båda slags lagar* samtidigt kunna tillämpas, eller m. a. o. just genom denna elektromagnetiska parallellism, framkommo emellertid en rad nya uppslag, vilkas stora användbarhet blev uppenbar, då den holländske fysikern *Lorentz* år 1895 skapade *elektronteorin.*[10]

Lorentz' teori, vilken grundar sig på konvektionsströmmarna, antager, att molekylerna innehålla små, rörliga elektriska laddningar, vilkas lägesförändringar just alstra konvektionsströmmar. På grund av de elektrokemiska lagarna, antager nämnda teori vidare, att dessa laddningar, vilka Lorentz betecknade som *elektroner*, var och en uppgår till ett elektriskt elementarkvantum.

Lorentz' teori utgör en utvidgning av Maxwells teori. De väsentliga, beprövade grundvalarna för Maxwells teori bibehöllos, men genom införande av elektronhypotesen blev den elektromagnetiska teorin nu även i stånd till en förklaring av många företeelser, gentemot vilka Maxwells ursprungliga teori kommit fullständigt till korta. Icke nog med att Maxwells teori förbigått de av Faraday upptäckta elektrokemiska lagarna utan att uppmärksamma dem; även urladdningen i förtunnade gaser hade förblivit främmande för denna teori, och framför allt fanns det också i optiken ett sedan gammalt bekant fenomen, som ovillkorligen fordrade en utvidgning av Maxwells teori. Det var färgspridningen eller *ljusets dispersion.*

Redan Newton, vilken var den förste, som mer ingående sysselsatte sig med denna företeelse, har gjort den viktiga upptäckten, att ljus av olika våglängd brytes i olika grad. Förklaringen till detta förhållande beredde emellertid de största svårigheter såväl för den elastiska ljusteorin som även för Maxwells teori i dess ursprungliga form. Däremot fann man en enkel förklaring, då man antog, att i det inre av molekylerna funnes elektriskt laddade, med tröghet försedda partiklar, vilka å sin sida utföra periodiska rörelser. Träffas nämligen en sådan elektriskt laddad partikel, d. v. s. enligt Lorentz' teori en elektron, av en ljusvåg, så verkar på densamma en kraft, vilken periodiskt förändrar antingen riktning eller styrka eller också bådadera. En ljusvåg är ju nämligen intet annat än ett elektriskt fält, periodiskt föränderligt till tid och rum. Då alltså på denna elektron, vilken träffats av en ljusvåg, verkar en periodiskt föränderlig kraft, medan elektronen själv utför en periodisk rörelse, så måste på grund av samverkan av två periodiska förlopp uppstå företeelser av den art, som man i akustiken kallar *resonans* eller tvungna svängningar.[11] På denna föreställning kunde man nu grunda en teori om dispersionen, (varpå här ej kan närmare ingås), som står i mycket god överensstämmelse med de resultat man vunnit genom erfarenhet.[12]

På grund av Lorentz' teori kunde man nu också förklara en betydelsefull, optisk upptäckt, vilken den holländske fysikern *Zeeman* lyckades göra 1896, nämligen *sönderdelning av spektrallinjer i ett magnetfält*. Den s. k. *Zeemaneffekten* är i allmänhet rätt komplicerad. I sitt enklaste fall består den i att en spektrallinje i ett magnetfält sönderdelas i tvenne, vilka ligga lika långt ifrån och på ömse sidor om den ursprungliga linjen.[13] Detta märkvärdiga förhållande kunde rent matematiskt härledas ur den av Lorentz utvecklade elektronteorin, så att man i Zeemaneffekten måste se en glänsande experimentell bekräftelse av Lorentz' teori.

Av den närmare undersökningen av Zeemaneffekten framgick först och främst, att den måste framkallas av negativt laddade partiklar. Vidare framgick av mätningarna, att förhållandet mellan laddning och massa hos dessa partiklar, den s. k. specifika laddningen är omkring 1800 gånger större än hos de joniserade väteatomerna. Antog man alltså, att de elektriska partiklarna äro laddade med var sitt elektriska elementarkvantum, så kom man nödvändigtvis till den överraskande slutsatsen, att partiklarnas *massa* är 1800 gånger mindre än väteatomens, vilken man dittills ansett för den minsta massa, som över huvud taget var möjlig.

Denna märkliga slutsats fick emellertid redan under de närmaste åren en glänsande bekräftelse genom de resultat, vilka erhöllos vid den närmare undersökningen av de s. k. *katodstrålarna*. Katodstrålarna, vilka upptäckts år 1859 av *Plücker*, uppträda i Geisslerrör innehållande starkt förtunnad gas, och de utgå från det ställe, där den elektriska strömmen lämnar *röret*, nämligen från katoden.[14] Katodstrålarna utbreda sig rätlinigt; ett föremål, som ställes i deras väg, kastar därför en skugga. Deras märkvärdigaste egenskap är emellertid, att de *genom en magnet lätt kunna tvingas att ändra riktning.* Sedermera fann man, att de även i ett elektriskt fält förhålla sig på liknande sätt, och slutligen visade det sig också, att kroppar, vilka träffas av katodstrålar, därigenom bliva negativt laddade.

Dessa egenskaper hos katodstrålarna låta sig emellertid mycket lätt förklara genom antagandet, att de bestå av elektriskt laddade partiklar, vilka befinna sig i hastig rörelse, och vilka samtidigt äga tröghet. Den rätliniga utbredningen är i själva verket utan vidare en följd av trögheten, och avböjningen i ett elektriskt fält är en följd av den elektriska laddningen. Men då å andra sidan de elektriska partiklarna, vilka äro stadda i hastig rörelse, utgöra konvektionsströmmar, måste de såsom sådana vara utsatta för en avböjning i magnetfältet på alldeles samma sätt som en rörlig strömspiral attraheras eller repelleras av en magnet.

Genom mätningar av avböjningarna i det elektriska och i det magnetiska fältet kunde man emellertid bestämma två för katodstrålarna väsentliga storheter, å ena sidan *hastigheten* och å andra sidan *specifika laddningen* hos katodstrålarnas partiklar, d. v. s. förhållandet mellan deras laddning och deras massa. Resultaten voro mycket märkliga. Det visade sig nämligen, att den sålunda utrönta hastigheten hos katodstrålarna är oerhört stor, endast tre gånger mindre än ljusets hastighet, vilken ju är 300000 km i sekunden. Katodstrålarna röra sig alltså så fort, att de endast skulle behöva ungefär en halv timme för att tillryggalägga sträckan från jorden till solen. För katodpartiklarnas specifika laddning erhölls nära nog samma tal som för de hypotetiska partiklar, vilka elektronteorin ansåg förorsaka Zeemaneffekten. Därav måste man draga den slutsatsen, att de partiklar, vilka framkalla Zeemaneffekten, äro identiska med katodstrålarnas partiklar, blott med den skillnaden, att dessa *atomdelar* i ena fallet äro bundna vid atomerna, under det att de i andra fallet, lösta från atomerna, fritt ila genom rymden.

Motsatsen till katodstrålarna utgöra de s. k. *positiva strålarna*, vilka likaså vid stark förtunning uppträda i Geisslerrör, och bland vilka de s. k. *kanalstrålarna* äro de viktigaste.[15] Dessa avböjas liksom katodstrålarna i det elektriska fältet och i magnetfältet, ehuru åt motsatt håll. Därav måste följa, att de bestå av positivt elektriska partiklar. Hastighet och specifik laddning kunde bestämmas efter samma metod som för katodstrålarna. Man fann, att de positiva strålarna äro långsammare än katodstrålarna; deras hastighet uppgår blott till några tusendelar av ljusets hastighet. För den specifika laddningen erhöllos dock vid de positiva strålarna värden av samma storleksordning som vid elektrolytiska joner. Massan av de positiva partiklarna måste alltså antagas ungefär lika stor som atomens egen massa.

Katodstrålarnas hittills behandlade fenomen erbjuda ett övertygande bevis för riktigheten av antagandet, att en i rörelse stadd elektron framkallar samma fenomen som en ledningsström. Men då å andra sidan varje cirkulär strömförande ledare framkallar samma verkningar som en magnet,[16] vilket är bekant från experimentalfysiken, så erbjuder elektronteorin möjlighet att hänföra alla *magnetiska* fenomen till *kretsande elektroner*. Den moderna teorin antager, att alla ämnens molekyler innehålla kretsande elektroner, som alltså skulle alstra *konvektiva molekylarströmmar*.[17] Genom detta antagande läto sig alla redan bekanta magnetiska fenomen förklara, framför allt det av Faraday år 1845 upptäckta förhållandet, att *magnetismen* är en *universell egenskap* hos all materia och icke blott hos några särskilda ämnen.[18] Å andra sidan förde magnetismens elektronteori även till upptäckten av nya fenomen, som dittills varit obekanta för den äldre vetenskapen.[19] Det intressantaste resultatet, till vilket denna teori ledde, var kännedomen om en viss magnetisk-mekanisk parallellism, vilken gäller för molekylarströmmarna.

En med tröghet utrustad, kretsande elektron kan nämligen å ena sidan jämföras med en ytterst liten magnet, å andra sidan är den i mekaniskt avseende en cirkulär rörelse. Är denna uppfattning riktig, skulle det, såsom först Einstein insåg, vara möjligt att genom hastig ommagnetisering försätta en mjuk järnstav i en svag men dock iakttagbar momentan *vridning*. Faktiskt lyckades Einstein år 1915 i samarbete med den holländske fysikern *De Haas* utföra detta experiment. Av iakttagelserna framgick, att de magnetiska fenomenen tydligen måste framkallas genom negativa elektroner. Även det fenomen, som är motsatt det nämnda, har iakttagits: man har nämligen lyckats magnetisera en mjuk järnstav genom att låta den hastigt rotera omkring sin axel.[20]

Man har sålunda funnit, att vid de flesta fenomen företeelserna egentligen alstras av de *negativa elektronerna*, d. v. s. partiklar, vilkas massa blott utgör en obetydlig bråkdel av en atoms. Å andra sidan visa de positiva anodstrålarnas egenskaper, att det finns *positivt laddade partiklar*, vilkas massa är av atommassans storleksordning. Att nu emellertid sådana positiva och negativa laddningar faktiskt utgöra de beståndsdelar, av vilka alla grundämnens atomer äro uppbyggda, har framgått ur en grupp fenomen, vilka fått en sådan betydelse för fysiken och kemin, att de numera utgöra en vetenskap för sig, nämligen *de radioaktiva*.

Några månader efter upptäckten av röntgenstrålarna gjorde *Becquerel* den överraskande iakttagelsen, att föreningar av metallen *uran* utan någon som helst yttre inverkan ständigt utsända *strålar*, vilka äro i stånd att svärta en fotografiplåt tvärs igenom ett ogenomskinligt hölje och vidare även äro i stånd att göra luften ledande och därigenom urladda ett i närheten uppställt laddat elektroskop. Ämnen, vilka liksom föreningarna av uran och torium utsända sådana strålar, kallar man radioaktiva.[21] År 1898 upptäckte *Pierre Curie* och hans maka *Marie* efter långvariga och besvärliga undersökningar, att i pechblände, ur vilket mineral uran framställes, förekommer, ehuru i ytterst ringa mängd, ett dittills obekant grundämne, som äger en radioaktivitet en million gånger så stark som uran självt. Det nya grundämnet gåvo makarna Curie namnet *radium*.[22]

Åren närmast efter upptäckten av radium bragte klarhet över naturen av de strålar, vilka utgå från de radioaktiva ämnena. Det visade sig, att dessa strålar äro av *tre olika slag*.

Man kallar dem α-, β- och γ-strålar. α-strålarna likna de positiva strålarna, β-strålarna likna de förut omtalade katodstrålarna, och γ-strålarna röntgenstrålarna. *Gamma-strålarna* äro, såsom nämndes i första föredraget, särskilt kortvågiga *röntgenstrålar;* de sträcka sig åtminstone upp till 17 oktaver högre än för det synliga violetta ljuset. Svängningstalet utgör över hundra trillioner i sekunden.

I motsats till γ-strålarna, vilka utgöra ett slags ljus, bestå såväl α- som β-strålarna av elektriskt laddade, med tröghet försedda partiklar. Beviset för riktigheten i denna uppfattning får man av det förhållandet, att såväl α- som β-strålarna avböjas genom inverkan av en magnet. *Beta-strålarna* bestå av negativt laddade partiklar, vilkas specifika laddning visat sig ha samma värde som katodstrålarnas; β-strålarna bestå alltså av *negativa elcktroner.* Hastigheten hos β-strålarna är ännu större än katodstrålarnas; den uppgår till mellan 30 och 99,8 proc. av ljusets hastighet. För de av *positiva* partiklar sammansatta *alfa-strålarna* hava mätningarna visat hastigheter av mellan 5 och 7 proc. av ljushastigheten; de röra sig alltså långsammare än β-strålarna men i varje fall hastigare än de positiva strålarna, vilka de i övrigt likna till sin allmänna karaktär. α-strålarnas natur har blivit uppenbarad genom studier av ett egendomligt fenomen, som man kallar scintillation.[23]

Inför man nämligen i närheten av ett radioaktivt preparat en skärm, vars yta är belagd med zinkblände, visar sig ett ständigt uppflammande av ljusblixtar. Det antagandet ligger nu nära till hands, att varje ljusblixt förorsakas av en α-partikels stöt mot skärmen. När man betraktade en liten del av skärmen genom ett mikroskop, blev det på så vis möjligt att direkt räkna de *alfa-partiklar*, vilka under viss tid utsändes från ett aktivt preparat.[24] Å andra sidan kunde man också bestämma hela den laddning, som strålarna föra med sig.[25] Sålunda blev det möjligt att direkt erhålla *laddningen hos en enda alfa-partikel*, och man fick sålunda ett med stor noggrannhet fastställt värde nämligen *två positivt elektriska elementarkvanta.* Genom undersökningar av α-strålarnas elektriska och magnetiska avböjning har man emellertid lärt känna α-partiklarnas specifika laddning, d. v. s. förhållandet mellan deras laddning och massa. Hade man alltså lyckats erhålla värdet på laddningens storlek, så var därmed även massan given. Då erhölls det överraskande resultatet, att α-partiklarna äga samma massa som atomerna hos gasen helium,[26] vars atomvikt uppgår till fyra, och som näst väte är det lättaste kemiska grundämnet. α-partiklarna äro sålunda tydligen intet annat än *heliumatomer*, vilka dock icke såsom de vanliga heliumatomerna äro elektriskt neutrala utan äro laddade var och en med två positiva elementarkvanta.

Jämte radiums egenskap att utsända tre olika slags strålar är den märkligaste företeelse man iakttagit hos detsamma dess *ständiga*, betydande *värmeutveckling*, vilken först tedde sig som en synnerligen oförklarlig gåta. Denna är så stor, att en viss vikt radium på tre fjärdedels timme skulle kunna upphetta en lika stor vikt vatten från 0° till 100°. Frågan om ursprunget till denna relativt oerhörda *energi*, vilken visar sig i ljusstrålning och värmeutveckling, måste med rätta väcka fysikernas största intresse, och detta intresse måste ökas ytterligare genom det märkliga förhållandet, att den radioaktiva strålningen på intet sätt påverkas genom yttre omständigheter, såsom t. ex. temperaturförändringar, samt att den även är fullständigt oberoende av den kemiska förening, i vilken den radioaktiva metallen ingår.[27] Det måste ävenså väcka uppmärksamhet, att radioaktivitet iakttagits just hos de grundämnen, som ha den högsta atomvikten (radium, torium, uran[28]). Den egentliga vägen till lösningen av alla dessa gåtor blev emellertid först klar genom den betydelsefulla upptäckten av *emanationen*.

Redan kort efter upptäckten av radium hade makarna Curie iakttagit, att kroppar, vilka befunno sig i samma rum som radium, själva blevo radioaktiva. Denna företeelse, vilken man först med ett icke fullt riktigt namn kallade inducerad radioaktivitet, undersöktes sedermera noggrannare beträffande *torium* av *Rutherford*. Denne fastställde år 1900 det överraskande förhållandet, att den av torium inducerade aktiviteten är beroende av tillvaron av en gas, som själv är radioaktiv och ständigt utvecklas ur torium. Rutherford kallade denna gas *torium-emanation*. Dessutom fann emellertid Rutherford, att även emanationen försvinner, om man skiljer den från torium, och att av densamma bildas en radioaktiv fällning, vilken på grund av sin ytterst fina fördelning såsom ett osynligt överdrag täcker ytan av alla kroppar, vilka beröras av emanationen. Även hos radium, vars emanation upptäcktes kort efter toriums, visade sig fenomen, liknande dem hos torium. Sålunda blev det tydligt, att ur *radium-emanationen* vid samtidig strålning tid efter annan uppstå andra radioaktiva, fasta ämnen. De bildas i så försvinnande ringa mängd, att man icke kan mäta dem annorlunda än genom den laddningsförlust, som till följd av deras strålning uppstår hos ett i närheten uppställt, laddat elektroskop. Emellertid blevo alla dessa ämnens aggregationstillstånd kända, deras smältpunkt eller kokpunkt kunde fastställas och likaså deras löslighet i olika syror.

På grund av alla dessa iakttagelser uppställde nu år 1902 Rutherford och *Soddy* en *teori för radioaktiviteten*, vilken visserligen utmärkte sig för stor enkelhet men å andra sidan innebar en fullständig brytning med fysikens och kemins hittills djupt rotade, grundläggande föreställningar. Rutherford och Soddys teori, vilken kallas *sönderfallsteorin*, antager nämligen, att *atomerna* hos de radioaktiva ämnena förändras. Läran om radioaktiviteten visar sig därigenom i viss mening vara ett fullständigt nytt område inom naturvetenskapen. Ty hos de fenomen, vilka fysiken dittills haft att beskriva, förbliva ju molekylerna oförändrade; såsom kemiska åter betecknade man sådana fenomen, vilka ägde rum inom molekylerna men utan att framkalla förändringar hos atomerna. De radioaktiva fenomenen skola däremot enligt Rutherfords teori vara betingade av förhållanden, vilka förändra själva atomerna.

Enligt Rutherfords och Soddys teori är nämligen atomen sammansatt av positiva och negativa elektriska partiklar, vilkas antal och geometriska anordning bestämma karaktären hos ifrågavarande kemiska grundämne. Trots dessa laddningars obetydliga storlek måste dock på grund av de mycket små avståndeu jämförelsevis starka attraherande och repellerande krafter verka mellan dem.[29] Atomen måste alltså äga en stor *inre energi.* Är nu jämviktsläget, eller m. a. o. de elektriska partiklarnas rymdgeometriska orientering i atomen, *icke fullt stabilt,* så kan det hända, att de elektriska partiklarna *omgruppera sig* till ett nytt jämviktsläge. Detta skulle emellertid betyda *uppkomsten* av *ett nytt kemiskt grundämne,* vilket å andra sidan naturligtvis kan förvandlas till ännu ett annat grundämne, och detta desto hastigare, ju labilare dess atomer äro.

Vid omgrupperingen av de elektriska partiklarna i atomen kunna negativa eller positiva partiklar eller bådadera slungas bort, vilket till följd av atomens relativt enorma inre energi måste ske med oerhörd hastighet. Därav förklaras β- och α-strålningen; γ-strålningen åter grundar sig på de elektromagnetiska impulser, vilka uppstå vid β- och α-strålningen. Men nu har varje α-partikel, som nämnts, en massa, motsvarande fyra väteatomer; det nya grundämne, som bildas vid en med α-strålning förenad radioaktiv förvandling, måste alltså ha en *atomvikt,* som är 4 (eller 8 eller 12) enheter mindre än den s. k. modersubstansen. Faktiskt är, att radiumemanationens atomvikt (222) befanns vara 4 enheter lägre än radiums, och denna är 12 enheter lägre än urans (238).

Att, såsom redan deras massa låter förmoda, α-strålarnas partiklar faktiskt, efter skedd neutralisering av deras laddning, äro identiska med atomer av den redan förut bekanta gasen *helium,* har av Rutherford år 1908 direkt påvisats på spektroskopisk väg. Redan tidigare, år 1903, hade *Ramsay* och Soddy påvisat *heliums uppkomst* vid *radium-emanationens sönderfallande* och därmed först fastslagit, att ett redan bekant grundämne kan uppstå ur ett annat.[30]

På *stabiliteten* i grupperingen av de elektriska partiklarna i en atom beror sannolikheten för att ifrågavarande atom inom viss tid *sönderfaller;* ju labilare anordningen är, desto större är denna sannolikhet; och då i allmänhet anordningen torde vara desto labilare, ju större det antal elektriska partiklar är, vilka äro förenade i atomen, så inses lätt, att radioaktiva fenomen tidigast upptäckts hos grundämnen med hög atomvikt. Den tid, efter vilken en godtycklig mängd av ett ämne till följd av dess atomers sönderfallande blivit förminskad till hälften, kallas ämnets *halveringstid*. För många radioaktiva ämnen kan halveringstiden utrönas genom iakttagande av strålningens avtagande, för radium även genom räkning av de utslungade α-partiklarna (varpå dock ej här skall närmare ingås). Halveringstiden uppgår för radium till 1580 år, för radium-emanationen till omkring 4 dagar, för torium-emanationen till blott omkring en minut. För ämnen med mindre radioaktivitet kan halveringstiden beräknas på grundval av en teoretiskt härledd relation; moderämnets massa måste nämligen förhålla sig till omvandlingsproduktens som de båda ämnenas halveringstider. Så t. ex. har man funnit, att i alla uranmineral på ett gram uran kommer en radiumhalt av ett tremilliondels gram. *Urans* halveringstid måste därför vara omkring tre millioner gånger så stor som radiums, d. v. s. uppgå till omkring fyra milliarder år. Av en billion uranatomer skulle alltså i medeltal en sönderfalla ungefär varannan dag.

Uranatomernas stabilitet är således oerhört stor. Likafullt kan hos dem tydligt påvisas en radioaktiv strålning. Sannolikheten för att t. o. m. under en mycket stor tidrymd en atom skulle sönderfalla, tillhörande ett grundämne, hos vilket radioaktiv strålning icke kan iakttagas, måste tydligen vara ofantligt mycket mindre. Likväl torde vi knappast få tro, att just de grundämnen, vilka vi känna såsom radioaktiva, intaga en särställning bland de övriga och till sin natur skulle vara skilda från alla andra. Vi måste väl sålunda i *det småningom skeende sönderfallandet* se en *för all materia gemensam egenskap*, vilken för olika grundämnen uppträder i olika grad.

Genom upptäckten av de radioaktiva fenomenen har sålunda begreppet kemiskt grundämne undergått en fullständig *omgestaltning*. Den under 1800-talet oantastliga dogmen om grundämnenas absoluta oföränderlighet har bortfallit; grundämnenas omvandling är icke blott möjlig utan i många fall otvetydigt bevisad; liksom allt organiskt liv visa sig grundämnena vara förgängliga och av begränsad livslängd. Men framför allt har den nya fysiken lett till vissheten om att de mångahanda grundämnen, som kemin känner till, dock alla äro av fullkomligt likartad natur. Ty de äro alla sammansatta av positiva och negativa elektriska partiklar, och det är endast dessas orientering och antal, som är olika. Av det förhållandet, att såväl Zeemaneffekten som även de magnetiska företeelserna framkallas av negativa elektroner, måste man draga den slutsatsen, att i det inre av en atom negativa elektroner, som blott utgöra en mycket liten del av atommassan, äro stadda i hastig periodisk rörelse. Men å andra sidan måste atomens hela positiva laddning, såvida denna utåt skall visa sig *neutral*, vara lika stor som sammanlagda antalet laddningar av alla i atomen befintliga negativa elektroner. För atomteorin uppstod alltså ett problem av grundläggande natur: hur skulle man tänka sig fördelningen av den *positiva laddningen* i atomen? Svar på denna fråga har lämnats genom den engelske fysikern *C. T. R. Wilsons* märkliga experimentella undersökningar.

Det närmare studiet av α-strålarna visade nämligen, att varje särskild α-partikel till följd av sin elektriska laddning kan i luften skapa s. k. kondensationskärnor, d. v. s. vattenångan i luften kondenseras på de luftjoner, som bildas längs α-partikelns väg.[31] Genom en lämplig anordning av försöken kunde därför Wilson få de enskilda α-partiklarnas banor att framträda som fina dimstrimmor. En fotografisk bild av dessa lämnar alltså samtidigt en *bild av själva α-partiklarnas banor*. Fotografierna (fig. 3 och 4) visa i allmänhet *räta linjer*, av vilka dock några tyckas brutna i tämligen skarpa vinklar. Det är nu mycket sannolikt, att dessa stora avböjningar härröra från en sammanstötning mellan en α-partikel och en atom. Men å andra sidan kunna α-strålar genomtränga vanlig luft några centimeter, varav följer att en α-partikel därvid genomlöper många tusen atomer. På grund av Wilsons fotografier måste man sålunda antaga, att en α-partikel kan genomborra flera tusen atomer utan att röna någon märkbar ändring av sin riktning, under det att stundom en enda atom kan kröka banan i mycket stor vinkel. Detta märkliga faktum låter sig enkelt förklara genom antagandet, att avböjningen är en följd av den repellerande kraft, som den nämnda atomens positiva ladd-

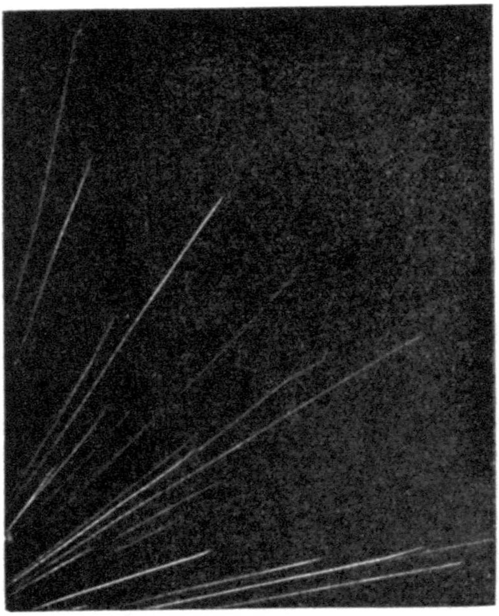
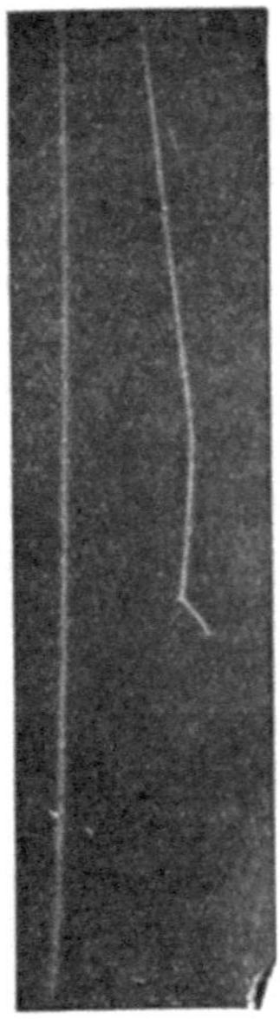

Fig. 3. Fig. 4.
Fotografiska bilder av α-partiklarnas banor.

ning utövar på den positiva α-partikeln, och att denna positiva laddning är koncentrerad i en volym, vilken utgör blott en mycket ringa del av hela atomens volym. Wilsons försök lämna en betydelsefull bekräftelse på en atomteori, vilken redan tidigare utformats av Rutherford; enligt denna utgör den positiva elektriciteten den *atomkärna*, kring vilken negativa elektroner kretsa liksom planeterna kring solen.[32] Den ytterligare utvecklingen av Rutherfords teori har emellertid blivit möjlig först tack vare kvantumteorin, vilken skall behandlas i nästa föredrag.

Genom elektronteorin har således ett lika gammalt som fundamentalt begrepp inom naturfilosofin fullkomligt förändrat den innebörd det haft under många århundraden. Begreppet materia i dess ursprungliga mening existerar icke mer för den moderna fysiken. Ända till för kort tid sedan betraktade fysiken elektriciteten endast som ett tillstånd hos massan. De nyare forskningarna ha visat, att »massa» över huvud taget blott är en följd av det elektriska tillståndet. Elektriciteten står icke längre vid sidan av materien såsom jämbördig; den har i stället ersatt denna. I *elektriciteten* ser den nya fysiken det av forskningen i årtusenden sökta *urämne*[33], ur vilket allting uppstått, som vi kunna iakttaga med våra sinnen.

FJÄRDE FÖREDRAGET.

Kvantumteorin.

I den kinetiska värmeteorin och i elektronteorin hade atomprincipen redan visat sin utomordentliga användbarhet genom att kunna tillämpas på materiens inre rörelsetillstånd och på elektriciteten. Ur strävandet att giva den så beprövade principen en ännu vidare och allmännare giltighet uppstod *kvantumteorin*. Den framgick år 1900 ur ett problem inom värmestrålningens teori och har sedermera hastigt fört fysikerna till det ena resultatet efter det andra. Den gjorde det möjligt ej blott att uppställa en allmän strålningslag, den ledde även till nya föreställningar om ljusets utbredning. Den förklarade de för den klassiska fysiken ofattbara egenskaperna hos kroppar vid de lägsta temperaturerna. De mest storartade triumferna skördade emellertid kvantumteorin på ett område, vilket först tack vare denna teori över huvud taget kunde inordnas i den teoretiska fysiken. Detta var läran om spektralfenomenen, genom vilka atomernas inre byggnad uppenbarades.

Den kinetiska värmeteorin och elektronteorin hade tillämpat atomprincipen på *kropparna*; kvantumteorin överför atomprincipen på själva de fysikaliska *processerna*. Liksom tidigare fysiken hade grundat sina slutsatser på ett massans och ett elektricitetens elementarkvantum, så *förutsätter* kvantumteorin en fysikalisk storhet, vilken i viss mening mäter de fysikaliska processerna såsom sådana, och vars stora betydelse erkänts av fysikerna redan på 1700-talet; denna storhet är den s. k. »verkan», vilken erhålles genom multiplikation av energi med tid. Kvantumteorin vilar nu på antagandet, att »verkan» vid fysikaliska förlopp är sammansatt av »elementära *verkningskvanta*».[1]

Denna tanke kom till användning först inom *teorin för värmestrålningen.* Från modern ståndpunkt betraktas strålningsteorin såsom läran om växelverkningarna mellan de *elektromagnetiska vågor*, vilka fylla rummet, och de *mikromekaniska rörelser*, vilka av experimentalfysiken betecknas som värme. Grunden för den nyare strålningsteorin utgöres av en viktig lag, som år 1859 uppställdes av *Kirchhoff* beträffande den s. k. *emissionsförmågan.* Därmed förstås den mängd energi, som under en sekund utstrålar från en kvadratcentimeter av en varm kropps yta. Kirchhoff kom nu till det resultatet, att en kropps emissionsförmåga är beroende utom av dess temperatur även av den grad, i vilken kroppen *absorberar* infallande värmestrålning. Äger en *fullkomlig* absorption av värmestrålningen rum, eller, såsom vi numera måste säga, av de elektromagnetiska vågorna, så att ingenting av vågorna reflekteras, så säger man, att kroppen är fullkomligt *svart.*[2] *Emissionsförmågan hos en svart kropp* beror alltså enligt Kirchhoff *endast och uteslutande av temperaturen.*[3]

Av vad slag detta beroende är upptäcktes först av *Stefan* år 1879, och för den av honom upptäckta lagbundenheten har sedan *Boltzmann* givit en exakt, teoretisk härledning.[4] Enligt den s. k. Stefan-Boltzmanns lag är en kropps *emissionsförmåga proportionell mot fjärde potensen* av kroppens *absoluta temperatur.* Förhållandet mellan emissionsförmågan hos en svart kropp och fjärde potensen av dess absoluta temperatur måste därför utgöra en *universell konstant*, som kallas *Stefans konstant.* Man kan bestämma dess värde genom att iakttaga avkylningen hos en varm kropp.

Den strålning, som utgår från en varm kropp, är sammansatt av elektromagnetiska vågor med de mest olika svängningstal och således också av högst olika våglängder. Sammanfattningen av alla möjliga våglängder från de kortaste till de längsta betecknar man såsom *spektrum* i detta ords vidaste bemärkelse. Att emellertid i en varm kropps strålning icke alla delar av spektrum äro av samma intensitet, och att deras andel i hela strålningen ändras med temperaturen, framgår redan av en helt alldaglig iakttagelse. När en kropp uppvärmes, utsänder den först endast mörka värmestrålar, emedan den för ögat synliga delen av spektrum blott omärkligt förefinnes i strålningen. Först vid + 525° C börja kropparna märkbart glöda,[5] först i rött, vilket sedan vid fortsatt stegring av temperaturen så småningom övergår till gult och slutligen till vitglödning.

För den teoretiska fysiken uppstod härmed ett viktigt, men ytterst svårt problem: frågan om *strålningsenergins fördelning i spektrum*. Denna frågas innebörd torde kunna klargöras genom ett exempel, hämtat från ett område, vilket ligger ganska fjärran från fysiken. Inom folkhushållningen undersöker man fördelningen av inkomsten inom olika befolkningsgrupper. Man uppställer en serie av *inkomstklasser*, så att inkomsten för varje klass stiger med ett konstant belopp på låt oss säga 100 kronor, och gör sig nu den frågan, vilka procentuella bråkdelar av den sammanlagda årliga folkinkomsten, som komma på de enskilda inkomstklasserna. I varje fall måste därvid erhållas en klass, vars procentuella andel i den sammanlagda folkinkomsten är störst. På fullt analogt vis kan den teoretiska fysiken uppdela spektrum efter våglängd[6] och undersöka vilka bråkdelar av hela den energi, som utstrålar från en kropp, eller m. a. o. vilka bråkdelar av hela emissionsförmågan, som vid bestämda temperaturer komma på spektrums enskilda delar. Det skall även därvid visa sig, att det i varje fall gives en bestämd del av spektrum, för vilken denna bråkdel är störst. Väljer man områdena tillräckligt små, erhålles en bestämd våglängd, för vilken denna s. k. specifika emissionsförmåga är störst.

År 1893 gjorde nu *Wien* på teoretisk väg den viktiga upptäckten, att produkten av denna våglängd och den absoluta temperaturen hos den strålande kroppen utgör en *universell* konstant, vilken man därför kallar *Wiens konstant*. Ju högre temperaturen är, ju mindre är den ifrågavarande våglängden. Det ställe i spektrum, som motsvarar denna våglängd, förskjuter sig alltså med tilltagande temperatur i riktning från större till mindre våglängder, alltså inom det synliga spektrum i riktning från rött till violett.[7] Man betecknar därför den av honom upptäckta lagen såsom Wiens *förskjutningslag*. Dess riktighet har genom experimentella undersökningar blivit fullkomligt bekräftad, och därigenom har det även å andra sidan varit möjligt att tämligen noga fastställa Wiens konstant.[8] Upptäckten av förskjutningslagen betydde ett stort och väsentligt framsteg på vägen mot lösningen av strålningsteorins grundproblem, d. v. s. frågan om den spektrala energifördelningens beroende av temperaturen. Inför detta problem misslyckades emellertid den klassiska fysiken. Visserligen förde den på två helt skilda vägar till två olika lagar, vilka skulle gälla för lösningar av ifrågavarande problem. Inför den experimentella prövningen kunde emellertid ingendera av de båda lagarna bestå. Det visade sig, att båda gälla blott för ett begränsat område, och att ingen äger allmängiltighet.[9] Den fullständiga lösningen av strålningsproblemet lyckades först år 1900, då *Planck* uppställde den genialiska hypotesen om *det elementära verkningskvantum* och tillämpade denna på strålningsfenomenen.

Planck gjorde det antagandet, att all strålning ägde rum diskontinuerligt, varvid de s. k. *energielementen* spela en viss roll. Dessas storlek skulle å andra sidan vara bestämd genom det villkoret, att produkten av ett energielement och tiden för en svängning vore lika med det elementära verkningskvantum. Då svängningstalet är det inverterade värdet av svängningstiden, så måste följaktligen varje energielement vara lika med produkten av det elementära verkningskvantum och svängningstalet. Energielementen hos olika färger skulle alltså icke vara lika stora utan vid ultraröd strålning mycket mindre än vid ultraviolett; vid violett strålning skulle de vara ungefär dubbelt så stora, vid grön omkring en och en halv gånger så stora som vid röd strålning.

Medelst sin hypotes om energielementen lyckades Planck härleda en *strålningslag*, vilken *i överensstämmelse med den experimentella iakttagelsen* riktigt angiver *för alla temperaturer* fördelningen av strålningsenergin i *spektrums alla delar*[10]

Men betydelsen av Plancks strålningslag sträckte sig vida utöver området för den egentliga strålningsläran; tack vare Plancks lag kunde man nämligen noggrant bestämma fysikens viktigaste universella konstanter. Av Plancks lag erhöllos nämligen två ekvationer, vilka förbinda de empiriskt fastställda konstanterna i Stefans och Wiens lagar med två för den moderna fysiken mycket viktiga storheter, av vilka den ena ännu var fullkomligt obekant, den andra endast mycket approximativt bekant. Den förstnämnda storheten var just det hypotetiska, elementära verkningskvantum, den andra *väteatomens massa*, vilken dittills endast blivit bestämd till storleksordningen (av Loschmidt). Då nu Planck löste dessa tvenne ekvationer i avseende på deras obekanta, fann han mycket noggranna värden på det elementära verkningskvantum och på väteatomens massa. För den senare erhöll han det tidigare angivna värdet av en kvadrilliondel av ett och ett halvt gram,[11] och härur kunde Planck, på grund av bekanta elektrokemiska konstanter, mycket noggrant beräkna det elektriska elementarkvantum.

Det värde, som Planck erhöll för det *elementära verkningskvantum*, förefaller mänskligt att döma mycket litet. Om dess storlek får man en föreställning, om man tänker på energielementen vid synlig strålning. För violett strålning, vars svängningstal har det oerhörda värdet av 800 billioner i sekunden, äro likväl energielementen så små, att först tjugo trillioner sådana motsvara den energi, som måste användas för att lyfta en vikt på ett kilogram en meter lodrätt uppåt.[12]

Fem år efter det Planck på så framgångsrikt sätt hade uppställt kvantumteorin, upptäckte *Einstein* år 1905, att kvantumprincipen kunde tillämpas på ett nytt område, nämligen inom en grupp företeelser, vid vilka antingen ljus förvandlas till ljus av annat svängningstal eller rörelseenergi till ljus eller omvänt, ljus till rörelseenergi. Det första fallet, förvandlingen av ljus till sådant med annat svängningstal, äger rum vid s. k. *fluorescens*, vilket kan iakttagas såväl vid synligt ljus som vid röntgenstrålar.[13] Det andra, då ljus alstras genom rörelseenergi, inträffar, då röntgenstrålar alstras av katodstrålar, som bekant bestående av med tröghet försedda partiklar, vilka röra sig med oerhörd *hastighet.* Det tredje fallet, alstrandet av rörelseenergi genom ljus, är bekant som den *ljuselektriska effekten*; genom ultraviolett ljus eller röntgenstrålar lösslitas därvid elektroner ur de bestrålade kropparna.

För vissa märkliga fakta, vilka vid de nämnda fenomenen väckte forskarnes uppmärksamhet, fann nu Einstein en enkel förklaring, i det han antog, att energielementen spela en viss roll icke blott vid utsändandet av strålning från varma kroppar, utan även att ljuset självt utbredde sig i *ljuskvanta*, vilkas energi vore bestämd just genom produkten av det elementära verkningskvantum och svängningstalet. På grund av denna hypotes härledde Einstein för den ljuselektriska effekten en lag, vilken genom experimentell iakttagelse blev fullkomligt bekräftad.[14] Ja, *Einsteins* lag har visat sig så noggrann, att den amerikanske fysikern *Millikan* på den ljuselektriska effekten kunde grunda en metod för direkt bestämning av det elementära verkningskvantum. Det värde, som Millikan därvid erhöll, överensstämmer fullkomligt med det, som Planck funnit på en helt annan väg.

Två år sedan *Einstein* grundlagt teorin om ljuskvanta, alltså 1907, upptäckte han ett ytterligare, mycket betydelsefullt tillämpningsområde för kvantumhypotesen nämligen de fasta kropparnas specifika värme. Med ett ämnes specifika värme förstår man den värmemängd, som man måste tillföra ett gram av ämnet för att höja dess temperatur en grad. Redan år 1819 hade *Dulong* och *Petit* upptäckt ett intressant samband mellan det specifika värmet hos ett fast grundämne och dess *atomvikt.* Enligt den s. k. Dulong-Petits lag skall nämligen produkten av de båda storheterna, det s. k. *atomvärmet*, ha *samma värde för alla fasta grundämnen.*[15] Detta förhållande, vilket sedermera även blev teoretiskt bevisat, bekräftas på det hela taget tillfredsställande av erfarenheten. Men redan då lagen uppställdes, uppmärksammade man några mycket stora *avvikelser* hos några grundämnen med låg atomvikt; så var fallet vid beryllium, vid bor och framför allt vid diamant. Senare konstaterade man även det överraskande förhållandet, att särskilt vid diamant det specifika värmet hastigt avtager vid stark avkylning.[16]

Avvikelserna från Dulongs lag förmådde icke den klassiska fysiken förklara. De fingo dock en enkel förklaring, då *Einstein* införde *kvantumprincipen* i värmeteorin för de fasta kropparna. I anslutning till äldre föreställningar antog nämligen Einstein, att värmet hos fasta kroppar berodde på svängningar hos deras atomer, och han antog vidare, att energin hos dessa svängningar i enlighet med Plancks hypotes vore sammansatt av *energielement*, vilka alltså vore proportionella mot svängningstalet. Genom detta Einsteins antagande kunde icke blott minskningen av det specifika värmet vid låga temperaturer förklaras utan även det faktum, att t. o. m. vid rumstemperatur märkbara avvikelser från Dulongs lag visa sig hos de grundämnen, vilkas atomer äro lätta och därför svänga särskilt hastigt.[17] Einsteins uppslag har sedermera av olika forskare vidare utvecklats; sålunda i synnerhet av *Debye*, som fullkomnade Einsteins teori och därigenom bringade den i än bättre överensstämmelse med erfarenheten. Genom sina slutledningar kom Debye år 1912 fram till en lag, enligt vilken *det specifika värmet hos en fast kropp vid mycket låga temperaturer är proportionellt mot tredje potensen av den absoluta temperaturen.*

Till Debyes lag ansluta sig en del mycket betydelsefulla följdsatser, som tidigare redan *Nernst* hade härlett ur en av honom år 1906 uppställd princip. Denna princip, vilken vanligen brukar betecknas som *Nernsts värmeteorem*, skapade fullständigt nya grunder för värmeläran och termokemin vid låga temperaturer och visade i många avseenden sin utomordentliga tillämplighet på åtskilliga områden och sin goda överensstämmelse med erfarenheten. Innebörden i Nernsts värmeteorem är visserligen svår att framställa i en för icke fackmän begriplig form. Det väsentliga är emellertid, att vid mycket låga temperaturer förlorar temperaturbegreppet den betydelse, som det har under normala förhållanden. Just vid mycket låga temperaturer avtager det specifika värmet hastigt med temperaturen; en värmemängd, som vid rumstemperatur icke förmår att märkbart höja temperaturen hos en kropp, kan vid mycket stark köld åstadkomma en stegring av flera grader. En värmemängd, som vid rumstemperatur märkbart utvidgar en kropp, förmår vid mycket stark köld icke åstadkomma en iakttagbar ökning av volymen.[18]

Kvantumhypotesens allmängiltiga karaktär var sålunda redan erkänd på tre helt skilda områden, nämligen inom teorierna för värmestrålningen, för den ljuselektriska effekten och för det specifika värmet. Då införde år 1913 den danske fysikern *Bohr* kvantumteorin på det område, där den skulle vinna sina mest storartade resultat. I det nämligen Bohr förenade hypotesen om det elementära verkningskvantum med *Rutherfords atomteori*, lyckades han grundlägga en spektralteori, som genom sin vidare utveckling ledde till lösningen av det svåra problemet angående *atomernas byggnad.*

År 1859 hade *Kirchhoff* och *Bunsen* gjort den betydelsefulla upptäckten, att inom *de kemiska grundämnenas spektra* uppträda *linjer med bestämda svängningstal*, karakteristiska för dessa grundämnen. År 1885 upptäckte sedan *Balmer* det ytterst viktiga förhållandet, att mellan linjerna i *vätets spektrum* mycket enkla siffermässiga samband förefinnas. Svängningstalen för de enskilda vätelinjerna, såväl de redan av Balmer kända som de först senare upptäckta, kunna nämligen beräknas såsom differenser av formen $\frac{R}{m^2} - \frac{R}{n^2}$, varvid såväl m som n alltid äro enkla *hela tal;* R däremot betyder ett konstant svängningstal på 3291 billioner i sekunden, d. v. s. ett svängningstal, som ligger ungefär två oktaver högre än svängningstalet för det synliga violetta ljuset.[19]

Redan på 1890-talet gjorde den svenske fysikern *Rydberg* den viktiga upptäckten, att svängningstalet R, vilket sedermera kallats *Rydbergs konstant*, är av betydelse icke blott för vätespektrums struktur utan även spelar en väsentlig roll i de mycket komplicerade formler, vilka angiva lagbundenheten hos andra kemiska grundämnen.[20] Rydbergs svängningstal får därigenom betydelsen av en *universell* konstant. År 1910 fann författaren till detta arbete genom att först tillämpa kvantumprincipen på atomteorin och sedan på spektralteorin ett samband, vilket förbinder Rydbergs konstant med *kvantumteorins* och elektronteorins viktigaste storheter, nämligen det elementära verkningskvantum, det elektriska elementarkvantum och massan hos den negativa elektronen.[21]

År 1913 lyckades nu Bohr lämna en överraskande enkel förklaring på vätespektrums lagbundenhet genom att lägga den av Rutherford uppställda *atommodellen* till grund för sina kvantumteoretiska studier över atomen. Enligt Rutherfords redan i det föregående (i tredje föredraget) omnämnda åsikt har man att tänka sig väteatomen såsom bildad av en *positiv elektron*, utgörande atomkärnan, och en *negativ elektron*, som *kretsar* omkring denna kärna. Av atomens massa kommer nu ungefär en 1840-del på den negativa elektronen, under det att den övriga massan måste tillskrivas atomkärnan.

På denna Rutherfords modell för väteatomen tillämpade nu Bohr *kvantumteorin* i *två* avseenden. Hans första antagande rör den negativa elektronens kretsrörelse. Under det att enligt den klassiska fysiken denna rörelse kunde äga rum i banor med godtycklig radie, utan att någon bana hade företräde framför de övriga, antog Bohr, att endast sådana *banor* kunna förefinnas, för vilka en viss storhet,[22] som är bestämmande för rörelsen i mekaniskt avseende, utgör en heltalig mångfald av det elementära verkningskvantum.

Allt efter det värde, som nyssnämnda hela tal har, talar man därför om *första kvantumbanan*, andra kvantumbanan, o. s. v. Mot varje bana med bestämt *kvantumnummer* svara fullt bestämda värden för banradien, hastigheten, energien och antalet varv pr sekund. För *första kvantumbanan*, vilken är den *normala*, uppgår t. ex. hastigheten till ungefär en 140-del av ljusets hastighet, antalet varv i sekunden uppgår till ungefär 6000 billioner. Värdet på radien är ungefär en tjugomilliondels millimeter.

Med de värden, vilka enligt Bohrs teori gälla för det normala atomtillståndet, sammanhänga på ett ytterst enkelt sätt de värden, vilka gälla för banor med högre kvantumtal. Den radie, som motsvarar en bana av godtyckligt kvantumtal, finner man, om man multiplicerar första kvantumbanans radie med kvadraten på kvantumtalet. Radien för andra kvantumbanan är alltså fyra gånger så stor som för första kvantumbanan, för tredje kvantumbanan nio gånger så stor och för fjärde kvantumbanan sexton gånger så stor. Det omvända förhållandet gäller för energin, vilken, i förbigående sagt, alltid är att räkna såsom negativ. Man finner dess värde för ett godtyckligt kvantumtillstånd genom att dividera värdet för det normala enkvantumtillståndet med kvadraten på kvantumtalet. På grund av energins negativa förtecken bör man emellertid observera, att en höjning av kvantumtalet fordrar energitillskott, under det att vid sänkning av kvantumtalet energi frigöres.

I enlighet med det nyss sagda erhålles ju å andra sidan frekvensen hos en linje i vätespektrum såsom differensen mellan tvenne termer, vilka båda ha samma täljare och kvadraterna på olika hela tal i nämnaren. För att kunna förklara lagbundenheten hos vätespektrum behövde därför Bohr till sitt första antagande blott tillfoga ytterligare ett, vilket erhölls omedelbart av kvantumprincipen och i synnerhet av Einsteins hypotes om *ljuskvanta.* Bohr antog nämligen, att atomen utsände ljus, endast då den övergår från ett kvantumtillstånd till ett annat, och att den överskottsenergi, som uppstår vid denna övergång, omsätter sig till ett ljuskvantum. Med andra ord: differensen mellan de energivärden, som motsvara de båda ifrågavarande tillstånden, måste vara lika med produkten av det elementära verkningskvantum och frekvensen hos det utsända ljuset. Genom detta s. k. *frekvensvillkor* måste svängningstalet vara bestämt hos den spektrallinje, som alstras genom övergången. Då energivärdena äro omvänt proportionella mot kvadraterna på kvantumtalen, så får man i själva verket genom frekvensvillkoret en förklaring på att vätelinjernas svängningstal kunna framställas såsom *differenser* mellan tvenne bråk, vilka ha samma täljare, men vilkas nämnare utgöras av kvadrater på olika hela tal. Å andra sidan synes åter genom frekvensvillkoret, att Rydbergs konstant är beroende av de storheter, vilka ur elektron-teoretisk synpunkt karakterisera väteatomen. På grund av detta förhållande är det nu också möjligt att genom spektroskopiska mätningar mycket noggrant beräkna det elementära verkningskvantum; det sålunda funna värdet överensstämmer fullständigt med det, som Planck hade härlett ur sin strålningslag, ävensom med det, vilket Millikan, som nämnts, sedermera erhöll ur ljuselektriska mätningar.

Då varje spektrallinje uppstår genom en övergång mellan *två* tillstånd, så blir resultatet en *dubbel mångfald av spektrallinjer.* Till varje sluttillstånd med bestämt kvantumtal hör en *serie* av spektrallinjer, hos vilken åter enskilda linjer äro bestämda genom begynnelsetillståndets kvantumtal. (Talet *m* bestämmer vid emissionen sluttillståndet, talet *n* begynnelsetillståndet; om *m* är givet, kan å andra sidan *n* genomlöpa en hel serie av hela tal.[23]) Den för det mänskliga ögat synliga s. k. *optiska serien* i vätespektrum uppstår genom övergång till *tvåkvantum-tillståndet;* vid övergången från *trekvantum-tillståndet* till *tvåkvantum-tillståndet* uppstår en röd linje och vid övergången från *fyrkvantum-tillståndet* till *tvåkvantum-tillståndet* en blå linje.[24] Växer kvantumtalet hos begynnelsebanan, så närma sig enligt Balmers formel den optiska seriens linjer alltmer ett svängningstal, som är lika med Rydbergs konstant, dividerad med kvadraten på två. Denna gräns för den optiska serien ligger inom det ultravioletta spektrum. Av den optiska serien har man hittills kunnat iakttaga sammanlagt 33 linjer.[25] Den serie, vars sluttillstånd motsvarar enkvantum-banan, ligger inom det ultravioletta spektrum, de serier, vilkas sluttillstånd äro trekvantum- eller fyrkvantumbanorna, inom det ultraröda. Därigenom förklaras, att dessa serier, vilka äro svårare att observera, först senare upptäcktes.[26]

Här må endast i korthet nämnas, att Bohrs teori även ledde till en enkel förklaring av *heliums*[27] *spektrum*, ja, att först genom Bohrs teori vissa serier, vilka dittills *oriktigt tillskrivits vätet*, visade sig vara heliumserier.[28] Det var en stor framgång för Bohrs teori, att dessa linjeserier, sedermera, såsom han också förutsagt, faktiskt kunde påvisas i sådana Geisslerrör, vilka voro fyllda med ren heliumgas, fria från varje förorening av väte.[29]

Bohr själv lyckades emellertid på rent teoretisk väg lämna

en ännu mer glänsande bekräftelse på riktigheten av den nya uppfattningen av heliumspektrum och detta på grund av det märkliga förhållandet, att vid heliumspektrum överensstämmelsen mellan linjernas teoretiskt beräknade och faktiskt iakttagna svängningstal icke visade sig så fullständig som vid väte. Såsom ej sällan är fallet inom fysikens historia, så visade sig även här, att sedan teorien utvecklats och fullbordats, de ursprungliga, förmenta avvikelserna från densamma kommo att utgöra en den mest glänsande bekräftelse därpå.[30] Utvecklingen av teorin bestod i detta fall däri, att Bohr även tog hänsyn till *atomkärnans samtidiga rörelse.* Faktiskt förhåller det sig ju så med Bohrs väteatommodell (med vilken heliumatommodellen är analog[31]), att det icke är den negativa elektronen, som kretsar omkring kärnan, utan båda, såväl den negativa elektronen som kärnan, kretsa omkring sin gemensamma tyngdpunkt.[32] I det Bohr numera tog hänsyn även till denna omständighet, vilken han förut lämnat obeaktad, kunde han icke blott fullkomligt förklara de förmenta avvikelserna hos heliumspektrum utan även på grund av storleken hos dessa t. o. m. tämligen noga beräkna en fundamental konstant för elektronteorin, nämligen förhållandet mellan de negativa elektronernas laddning och massa. Det värde, som Bohr sålunda fick, överensstämde fullkomligt med det, som redan tidigare på en helt annan väg erhållits genom mätningar på katodstrålar; i sanning en glänsande triumf för Bohrs teori.

Två år efter det att Bohr så framgångsrikt tillämpat kvantumteorin på spektra, undergick denna teori år 1915 en betydelsefull utvidgning genom *Sommerfelds* undersökningar. Denne forskare förhåller sig i viss mån till Bohr ungefär så som Kepler till Copernicus. Liksom Copernicus en gång hade tänkt sig planetbanorna cirkelformiga, Kepler däremot betraktat dem såsom ellipser, så ersatte även Sommerfeld den Bohrska atommodellens cirkelformiga banor med *elliptiska.* Teorin blev därigenom helt naturligt än mera komplicerad. Ty en cirkel är bestämd genom en enda storhet, nämligen radien, en ellips däremot först genom två storheter, t. ex. dess storaxel och lillaxel. Inom Sommerfelds teori fordrar därför varje kvantumbana för sin bestämning två kvantumtal. Spektrallinjerna utgöra sålunda inom Sommerfelds teori en ännu *större mångfald*, då såväl begynnelsetillståndet som sluttillståndet är bestämt först genom tvenne kvantumtal vardera.

Då Sommerfeld på denna grundval ville utveckla spektralteorin, erhöll han dock först endast samma linjer som Bohr. För var och en av dessa linjer funnos dock nu flera möjligheter att uppstå, under det att Bohrs teori för varje linje endast känt en sådan möjlighet. Ellipshypotesen visade sig sålunda först blott som en överflödig och ändamålslös komplicering av den förra teorin. Den nya teorins utomordentliga betydelse blev emellertid fullt klar, då Sommerfeld ställde den i samband med en fundamental sats inom relativitetsteorin. Enligt denna sats, vilken skall behandlas i sjätte föredraget, är massan hos en kropp beroende av kroppens hastighet. Då hastigheten hos den negativa elektronen i väteatomen uppgår till några tusendelar av ljusets hastighet, äro ju märkbara avvikelser från den klassiska mekaniken mycket väl möjliga.

I det nu Sommerfeld tog hänsyn till massans beroende av hastigheten, fann han, att vid de mångfaldiga övergångar, vilka inom hans teori ersätta en enda övergång inom Bohrs, uppstå icke absolut samma linje utan olika linjer, vilkas svängningstal dock ytterst litet avvika från varandra. Inom Sommerfelds teori visar sig alltså varje Bohrs linje *upplöst* i en *grupp* av linjer, varandra mycket närbelägna. Detta betecknar man såsom *finstrukturen* av den, enligt Bohr, enhetliga spektrallinjen.

Medelst starkt upplösande spektralapparater kunde finstrukturen framförallt vid *heliumlinjerna* mycket noga undersökas och mätas, och faktiskt har Sommerfelds teori genom dessa mätningar blivit fullkomligt kvalitativt och kvantitativt bekräftad. För övrigt är överensstämmelsen mellan Bohr-Sommerfelds teori och erfarenheten så fullkomlig, att det är möjligt att *uteslutande genom spektroskopiska mätningar* beräkna det elementära verkningskvantum och elektronteorins båda viktigaste storheter, nämligen det elektriska elementarkvantum och de negativa elektronernas massa. För att bestämma dessa tre för den moderna fysiken fundamentala konstanter behöver man blott mäta det vanliga vätespektrum, bestämma heliumspektrums förut omnämnda förmenta avvikelser från teorin och slutligen undersöka heliumspektrums finstruktur.

För ett *mycket noggrant* bestämmande av *atomkonstanterna* går däremot den teoretiska fysiken bäst tillväga på så sätt, att den med de spektroskopiska metoderna kombinerar en direkt bestämning av det *elektriska elementarkvantum*. Vid denna bestämning iakttager man i mikroskopet en liten partikel, lämpligast en liten oljedroppe, under det dubbla inflytandet av dess egen vikt och ett vertikalt uppåt riktat elektriskt fält. Om droppen svävar fritt, så måste dess vikt vara lika stor som den elektriska kraften, vilken å sin sida vid ett givet elektriskt fält är proportionell mot droppens laddning. Partikelns vikt kan emellertid bestämmas av dess fallhastighet och sålunda även laddningen själv mätas. Är laddningen tillräckligt liten, så visar den sig vara en hel mångfald av ett elektriskt elementarkvantum. Denna konstant kunde på så vis mycket noggrant bestämmas av *Millikan* med en felgräns av en promille.[33]

Är nu det elektriska elementarkvantum bekant, så är därmed även *väteatomens massa* känd. Ty på grund av de redan av *Faraday* anställda mätningarna vet man mycket noga, vilken elektricitetsmängd som vid elektrolys transporteras av ett gram väte.[34] Sålunda känner man för de joniserade väteatomerna förhållandet mellan deras laddning och massa. Då man nu emellertid måste antaga, att ett elektriskt elementarkvantum utgör laddningen på en joniserad väteatom, så är därmed jämte elementarkvantum även väteatomens massa bestämd. Sålunda erhålles med en felgräns på sannolikt högst en procent, att en kvadrillion väteatomer väger 1,66 gram.[35]

Men även *den negativa elektronens massa* är noggrant känd, så snart man väl känner värdet av det elektriska elementarkvantum. Ty den specifika laddningen hos de negativa elektronerna är bekant såväl genom katodstrålarnas avböjning som även (enligt Bohrs teori) genom avvikelserna hos helium- och vätespektra.[36] Känner man slutligen noga det elektriska elementarkvantum och massan av den negativa elektronen, så kan man ur värdet på Rydbergs konstant även beräkna det *elementära verkningskvantum* med en noggrannhet av ungefär en halv procent.[37]

De nyss omnämnda metoderna äro sannolikt de noggrannaste men ingalunda de enda. En rad fenomen, vilka medgiva en bestämning av atomkonstanter, ha ju redan i annat sammanhang blivit omnämnda, så t. ex. alfastrålarnas avvikning, scintillationen, den ljuselektriska effekten, Stefans lag, Wiens förskjutningslag; även ur den Brownska rörelsen och andra molekylära svängningsföreteelser kan atommassan beräknas. Medelst alla dessa metoder erhåller man dock, inom felgränserna, samma värden för de fysikaliska storheterna.[38]

Om det som ett argument för vår yttervärlds existens gäller, att syn-, hörsel- och känselförnimmelser leda till samma föreställning, då ser den teoretiska fysiken ett *säkert bevis för elektronernas, atomernas och det elementära verkningskvantums existens* i den omständigheten, att atomlärans karakteristiska konstanter bestämda medelst i grunden olikartade metoder likväl städse få *samma värden.*

FEMTE FÖREDRAGET.

Grundämnena.

Elektron- och kvantumteorierna ha icke blott inom fysiken åstadkommit en fullkomlig revolution, de ha även för kemin skapat helt nya grundlagar. Den teoretiska kemins äldsta och viktigaste problem, teorin om grundämnena, har nämligen genom de båda nämnda teorierna fått sin lösning.

Genom *Daltons teori*, förut behandlad i tredje föredraget, hade man redan i början av 1800-talet erkänt detta problem vara av samma betydelse som frågan om *atomernas natur*. I början av 1800-talet kände kemisterna endast omkring trettio grundämnen. Genom upptäckten av talrika sällsynta metaller[1] och de s. k. ädelgaserna[2] steg antalet kända grundämnen mot slutet av 1800-talet till omkring åttio, sedermera, genom upptäckten av de många radioaktiva grundämnena, till mer än hundra.

Ett grundämnes framför allt mest kännetecknande egenskap ansågs ännu för kort tid sedan vara dess *atomvikt*, och man brukade därför ordna grundämnena i en *följd efter stigande atomvikter*, en följd, som börjar med *väte* och slutar med *uran*. Väljer man, som brukligt är, såsom *enhet för atomvikten* sextondelen av en *syreatoms* massa, så börjar denna serie med talet 1,008 och slutar med talet 238,2.

I denna sålunda anordnade serie stiger emellertid atomvikten ingalunda fullkomligt regelbundet. Atomviktsdifferenserna mellan två i serien på varandra följande grundämnen äro tämligen olika, och därför kunde även det ena eller andra grundämnet uteslutas ur serien, utan att den därigenom uppkomna luckan märktes. Det var därför ett banbrytande framsteg, då år 1913 en fysikalisk upptäckt ledde till en *naturlig ordning för grundämnena.* Denna upptäckt, som vi ha att tacka den unge, numera avlidne engelske fysikern *Moseley* för, står i intimaste samband med grundläggandet av *röntgenspektroskopin,* vilken likaledes är ett verk av Moseley.

Röntgenspektroskopin beror på den av *Barkla* år 1905 gjorda upptäckten av *grundämnenas* s. k. *egenstrålning.* En kropp, som träffas av katod- eller röntgenstrålar, sänder själv i sin ordning ut röntgenstrålar, och bland dessa förekomma nu, såsom Barkla fann, övervägande sådana, vilkas »hårdhet»[3] eller, som man nu säger, våglängder blott äro beroende av den träffade kroppens kemiska natur. Egenstrålningen är sålunda för de grundämnen, som förekomma i den strålande kroppen, lika karakteristisk som deras optiska spektra. Uppdelningen av egenstrålningen efter våglängder och dessas mätning möjliggjordes sedermera genom den i första föredraget omnämnda kristallmetoden, och detta lyckades just Moseley först utföra förmedelst några genialt uttänkta konstgrepp. Moseley upptäckte i röntgenspektra hos alla fasta grundämnen två serier, vilka kallas *K-serien* och *L-serien*; K-serien ligger såsom den »hårdare» i allmänhet omkring tre oktaver högre än L-serien. (Hos element med hög atomvikt kunde man sedermera påvisa en ännu mjukare serie, M-serien, och hos grundämnen med de högsta atomvikterna slutligen en särskilt mjuk serie, den s. k. N-serien.[4])

Då nu Moseley fotograferade röntgenspektra för de olika grundämnena och jämförde dem med varandra, gjorde han den överraskande upptäckten, att grundämnena låta ordna sig efter röntgenspektra i en naturlig följd, inom vilken från det ena grundämnet till det andra *förskjutningen* av de enskilda linjerna i riktning mot tilltagande svängningstal sker med en underbar *lagbundenhet* och med en sådan noggrannhet, att varje *lucka* i denna serie genast upptäckes genom ett för stort språng. Ordningsföljden i denna naturliga serie är nästan densamma som i en serie, vilken uppställts efter stigande atomvikt. Men under det ökningen i atomvikt ingalunda är regelbunden, så sker inom den naturliga serien röntgenlinjernas förskjutning med den underbaraste precision. I den historiskt betydelsefulla fig. 5, vilken har Moseley själv till upphovsman, ser man de båda starkare K-linjerna av de efter varandra följande grundämnena kalcium, titan, vanadin, krom, mangan, järn, kobolt, nickel, koppar och sist zink, legerad med koppar (= mässing, på engelska brass). Skandium, som intar platsen mellan kalcium och titan, hade Moseley icke till sitt förfogande på grund av dess sällsynthet, och därför fattas det i figuren. Att observera är även, att vid mässing förekomma jämte linjerna för zink även de för koppar, vilket tydligt bevisar, att röntgenspektra utgöra en egenskap hos atomerna själva. Av samma skäl märker man även vid kobolt, vilket nästan alltid innehåller spår av nickel och järn, linjerna för dessa båda metaller.

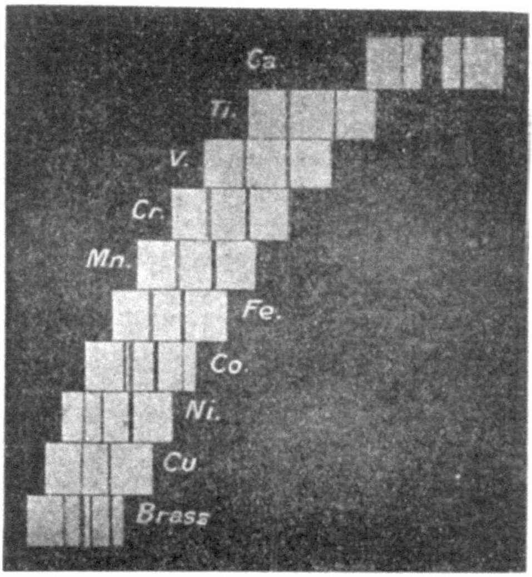

Fig. 5. Fotografi av röntgenspektra för olika grundämnen.

Emedan i den naturliga serien atomvikten, bortsett från några få undantag, ökas om ock ej regelbundet från ämne till ämne, så kan man med ledning av de kända atomvikterna utfylla de luckor i den naturliga serien, vilka motsvara sådana grundämnen, som visserligen äro kända, men för vilka röntgenspektrografiska bilder ännu saknas. Den naturliga serie av grundämnen, som sålunda erhålles och som sträcker sig från väte till uran, omfattar 92 *platser*.[5] Den framställes i tabell I, i vilken utom de s. k. *ordningstalen*, vilka bestämma platsen och de allmänt brukade namnen även upptagits de kemiska beteckningarna samt atomvikterna, beräknade under antagande av syre = 16. Såsom framgår av tabellen går på fyra ställen ett

Tabell I.

Grundämnenas naturliga serie.

1	Väte	H	1,008
2	Helium	He	4,00
3	Litium	Li	6,94
4	Beryllium	Be	9,02
5	Bor	B	10,82
6	Kol	C	12,00
7	Kväve	N	14,008
8	Syre	O	16,000
9	Fluor	F	19,00
10	Neon	Ne	20,2
11	Natrium	Na	23,00
12	Magnesium	Mg	24,32
13	Aluminium	Al	26,96
14	Kisel	Si	28,3
15	Fosfor	P	31,04
16	Svavel	S	32,07
17	Klor	Cl	35,46
18	Argon	A	39,88
19	Kalium	K	39,10
20	Kalcium	Ca	40,07
21	Skandium	Sc	45,10
22	Titan	Ti	48,1
23	Vanadin	V	51,0
24	Krom	Cr	52,0
25	Mangan	Mn	54,93
26	Järn	Fe	55,84
27	Kobolt	Co	58,97
28	Nickel	Ni	58,68
29	Koppar	Cu	63,57
30	Zink	Zn	65,37
31	Gallium	Ga	69,72
32	Germanium	Ge	72,5
33	Arsenik	As	74,96
34	Selen	Se	79,2
35	Brom	Br	79,92
36	Krypton	Kr	82,9
37	Rubidium	Rb	85,5
38	Strontium	Sr	87,6
39	Yttrium	Y	88,9
40	Zirkon	Zr	90,6
41	Niob	Nb	93,5
42	Molybden	Mo	96,0
43	—	—	—
44	Rutenium	Ru	101,7
45	Rodium	Rh	102,9
46	Palladium	Pd	106,7
47	Silver	Ag	107,88
48	Kadmium	Cd	112,40
49	Indium	In	114,8
50	Tenn	Sn	118,7
51	Antimon	Sb	121,8
52	Tellur	Te	127,5
53	Jod	J	126,92
54	Xenon	X	130,2
55	Cäsium	Cs	132,8
56	Barium	Ba	137,4
57	Lantan	La	139,0
58	Cerium	Ce	140,2
59	Praseodym	Pr	140,9
60	Neodym	Nd	144,3
61	—	—	—
62	Samarium	Sm	150,4
63	Europium	Eu	152,0
64	Gadolinium	Gd	157,3
65	Terbium	Tb	159,2
66	Dysprosium	Dy	162,5
67	Holmium	Ho	163,5
68	Erbium	Er	167,7
69	Tulium	Tu	169,4
70	Ytterbium	Yb	173,5
71	Cassiopeium	Cp	175,0
72	Hafnium	Hf	—
73	Tantal	Ta	181,5
74	Wolfram	W	184,0
75	—	—	—
76	Osmium	Os	190,9
77	Iridium	Ir	193,1
78	Platina	Pt	195,2
79	Guld	Au	197,2
80	Kvicksilver	Hg	200,6
81	Tallium	Tl	204,4
82	Bly	Pb	207,2
83	Vismut	Bi	209,0
84	Polonium	Po	(210)
85	—	—	—
86	Emanation	Em	(222)
87	—	—	—
88	Radium	Ra	226,0
89	Aktinium	Ac	(226)
90	Torium	Th	232,1
91	Protaktinium	Pa	(230)
92	Uran	U	238,2

grundämne med något högre atomvikt före ett med lägre (nämligen argon före kalium, vidare — vilket även tydligt synes av fig. 5 — kobolt före nickel, vidare tellur före jod och slutligen torium före protaktinium). Fem luckor finnas, emedan grundämnen med motsvarande ordningstal (43, 61, 75, 85, 87) antingen på grund av sin sällsynthet hittills ännu icke upptäckts eller ock över huvud taget icke existera.

Från den moderna atomteorins ståndpunkt får man nu en enkel förklaring på grundämnenas naturliga system. Om atomerna bestå av positiva kärnor, kring vilka kretsa negativa elektroner, ligger ju den tanken nära till hands, att, om man går steg för steg fram i den naturliga serien, så ökas *kärnladdningen* för varje steg med ett elektriskt elementarkvantum. Detta antagande har sitt viktigaste stöd i den omständigheten, som redan Moseley upptäckte, att kvadratroten ur frekvensen för de enskilda röntgenlinjerna växer lineärt med ordningstalet,[6] under det att å andra sidan av Bohrs teori följer, att med tilltagande kärnladdning frekvensen måste tilltaga med kvadraten på denna laddning. (I spektrum för det joniserade helium [med dubbelt så stor kärnladdning, som väte] äro t. ex. frekvenserna för de motsvarande linjerna i genomsnitt fyra gånger så stora som i vätespektrum.) Grundämnenas *ordningstal* visa sig sålunda *identiska med kärnladdningstalen*, vilka angiva, huru många positiva elementarkvanta, den positiva kärnans laddning består av.

I grundämnenas naturliga serie intaga emellertid *sex grundämnen* en viss *särställning*, genom att de i *kemiskt* avseende förhålla sig fullkomligt *indifferenta;* i motsats till alla andra grundämnen bilda de över huvud taget *inga kemiska föreningar.* Dessa grundämnen äro de s. k. *ädelgaserna*, nämligen helium, neon, argon, krypton, xenon och emanation. Deras ordningstal äro 2, 10, 18, 36, 54, 86 och differenserna mellan dessa tal[7] 8, 8, 18, 18, 32.

Från den moderna atomteorins ståndpunkt är emellertid uppenbarligen varje *kemisk verksamhet* förorsakad av *elektriska krafter*, vilka utgå från atomerna; det är dessa elektrostatiska krafter, vilka åstadkomma en förening av atomer med motsatt laddning, d. v. s. en *molekyl*. Då i neutralt tillstånd antalet negativa elektroner, som omgiva kärnan, är lika med kärnladdningstalet, kan följaktligen en atom bliva kemiskt aktiv, endast om detta antal kärnan omgivande elektroner blir mindre eller större än kärnladdningstalet. I förra fallet blir atomen i sin helhet positivt elektrisk, i det senare negativt elektrisk, och laddningen bestämmes genom antalet avgivna eller upptagna elektroner. Av *ädelgasernas* kemiska passivitet måste man således draga den slutsatsen, att i deras atomer *anordningen av elektronerna omkring kärnan* är till den grad *stabil*, att varken elektroner kunna avgivas ur atomen eller främmande elektroner upptagas i densamma, vilket vid alla andra atomer är möjligt.

Genom teoretiska undersökningar lyckades Bohr år 1921 att för *ädelgasatomerna* bestämma de *negativa elektronernas gruppering* omkring kärnan. Denna gruppering framgår av tabell II, vilken anger, huru många elektroner, som beskriva banor med angivet kvantumtal.

Tabell II.

Ädelgasatomer.

Antal elektroner i banor med bredvidstående kvantumtal:	1	2	3	4	5	6	Summa elektroner
Helium	2						2
Neon	2	8					10
Argon	2	8	8				18
Krypton	2	8	18	8			36
Xenon	2	8	18	18	8		54
Emanation	2	8	18	32	18	8	86

Ädelgaserna utgöra på sätt och vis gränsstenarna i grundämnenas naturliga serie. Genom dem uppdelas serien i *sju perioder*. Den första omfattar två grundämnen, den andra och tredje vardera åtta, den fjärde och femte vardera aderton, den sjätte trettiotvå. Den sjunde perioden, vilken börjar med det obekanta grundämnet nr 87, avslutas synbarligen på sjätte platsen med uran, varför man måste lämna därhän, om grundämnen med än högre kärnladdning icke kunna existera eller redan sönderfallit eller blott på grund av sin sällsynthet ännu icke ha upptäckts.

Redan år 1869 gjorde *Lothar Meyer* och *Mendelejeff* samtidigt men oberoende av varandra den viktiga upptäckten, att i en efter stigande atomvikt ordnad serie av grundämnen karakteristiska fysikaliska och kemiska egenskaper periodiskt återkomma, och att det följaktligen är möjligt, om man upptecknar perioderna under varandra, att ordna dem så, att i de enskilda vertikala kolumnerna upptagas sinsemellan likartade grundämnen. Den fortsatta utvecklingen av det s. k. *periodiska systemet* ledde till särskiljandet av *åtta vertikalgrupper* med två underavdelningar i varje; en exakt framställning blev dock möjlig, först sedan man genom kännedom om ordningsnumren lyckades exakt bestämma antalet platser i perioderna.

Tabell III framställer det periodiska systemet från den moderna atomteorins ståndpunkt.[8] I den fjärde, femte och sjätte perioden (= de horisontella raderna i tabell III) kompletteras — såsom möjligen redan av tabell II framgår — den näst sista elektrongruppen genom höjning av elektrontalet från 8 till 18 och detta samtidigt med att en ny, yttre grupp på åtta elektroner bildas. Därigenom får man en förklaring på de åtta vertikalgruppernas uppdelning i två underavdelningar var och samtidigt även på den skenbara särställning, vilken i det periodiska systemet intages av de grupp VIII a tillhörande »*triaderna*» (järn, kobolt, nickel; vidare rutenium, rodium, palladium och slutligen osmium, iridium, platina). I sjätte periodens element äger dessutom rum ett fullständigande av elektrongruppen n:r tre från slutet (med kvantumtalet 4) genom höjning av elektrontalet från 18 till 32; härigenom kan man förklara den egendomliga särställning, som intages i det periodiska systemet av gruppen *sällsynta jordarter,* vilken omfattar femton grundämnen.[9]

Tabell III.

Grundämnenas periodiska system.

	I		II		III		IV		V		VI		VII		VIII	
	a	b	a	b	a	b	a	b	a	b	a	b	a	b	a	b
1	1 H															2 He
2	3 Li		4 Be			5 B		6 C		7 N		8 O		9 F		10 Ne
3	11 Na		12 Mg			13 Al		14 Si		15 P		16 S		17 Cl		18 A
4	19 K	29 Cu	20 Ca	30 Zn	21 Sc	31 Ga	22 Ti	32 Ge	23 V	33 As	24 Cr	34 Se	25 Mn	35 Br	26 Fe 27 Co 28 Ni	36 Kr
5	37 Rb	47 Ag	38 Sr	48 Cd	39 Y	49 In	40 Zr	50 Sn	41 Nb	51 Sb	42 Mo	52 Te	43	53 J	44 Ru 45 Rh 46 Pd	54 X
6	55 Cs	79 Au	56 Ba	80 Hg	57-71 säll-synta jord-arter	81 Tl	72 Hf	82 Pb	73 Ta	83 Bi	74 W	84 Po	75	85	76 Os 77 Ir 78 Pt	86 Em
7	87		88 Ra		89 Ac		90 Th		91 Pa		92 U					

Vad nu *atomernas kärnor* beträffar, så måste dessa uppenbarligen även å sin sida vara sammansatta av positiva och negativa elektroner. Ty då de negativa elektronernas massa, såsom redan flera gånger nämnts, är försvinnande liten i jämförelse med de positiva elektronernas, så utgör ett grundämnes atomvikt i förhållande till väte, intet annat än antalet i kärnan befintliga positiva elektroner. Detta antal visar sig nu emellertid vid grundämnena ungefär dubbelt eller mer än dubbelt så stort som kärnladdningstalet. Därav måste man sluta, att *i kärnan även* finnas *negativa elektroner*, ungefär hälften så många som positiva. Laddningarna av de i kärnan förekommande positiva elektronerna neutraliseras således endast delvis genom de likaledes i kärnan befintliga negativa elektronerna, så att resultatet blir en positiv helhetsladdning av atomkärnan.

Att även atomkärnornas byggnad är reglerad genom kvantumförhållanden är visserligen av teoretiska skäl sannolikt; dock saknas ännu de säkra experimentella bevisen därför. Det viktigaste hittills bekanta fenomen, som äger rum *inom atomkärnorna*, är det *spontana sönderfallandet av atomkärnan*, vars följdföreteelser bruka sammanfattas under den gemensamma benämningen *radioaktivitet*. I stället för att tala om kärnans sönderfallande skulle man noga taget tala om en *avspjälkning* av kärnbeståndsdelar, och då *kärnladdningen* genom en sådan avspjälkning *förändras*, så måste helt naturligt grundämnen, vilka utsända α- eller β-strålar, därigenom undergå en *kemisk förvandling.*

Då, såsom utvecklades i tredje föredraget, α-partiklarna ha en laddning av två positiva elementarkvanta, så blir grundämnets kemiska ordningstal genom α-strålning minskat med två. β-partiklarna däremot ha en laddning av ett negativt elementarkvantum, varför ordningstalet genom β-strålning höjes med ett. Å andra sidan ha α-partiklarna, såsom nämndes i tredje föredraget, en massa av fyra väteatomer, under det att en β-partikels massa är ringa i jämförelse med en väteatoms massa. *Alfa-strålning* medför därför, att ett grundämne förskjutes två steg åt vänster *i det periodiska systemet*, medan samtidigt en *minskning av atomvikten med fyra enheter* äger rum. *Beta-strålning* förskjuter ett grundämne *ett steg åt höger* utan märkbar ändring av atomvikten. (En förskjutning av sex steg åt vänster skall alltså enligt tabell III vara liktydig med en förskjutning av två steg åt höger). Denna förskjutningslag för grundämnenas förvandling upptäcktes år 1913 av *Soddy* och *Fajans* visserligen samtidigt men oberoende av varandra. Förskjutningslagen medförde den dittills saknade klarheten i läran om de radioaktiva omvandlingarna. Den möjliggjorde för forskarna att bestämma den kemiska karaktären hos alla omvandlingsprodukterna och fylla förefintliga luckor samt medförde slutligen även upptäckten av nya radioaktiva grundämnen.

Fysiken känner för närvarande två sammanhängande *omvandlingsserier* av grundämnen. Den ena serien börjar med *uran* och delar sig i sitt vidare förlopp i *radium-serien* och *aktinium-serien*. Utgångspunkten för den andra serien är *torium*.

Tabell IV framställer *uran-serien* (utan den avgrenade aktiniumserien). För de enskilda radioaktiva grundämnena är inom parentes angivet: ordningstal, atomvikt, kolumn i det periodiska systemet och slutligen halveringstid. (Jfr tredje föredraget.[10])

Såväl vid uran-radiumserien som vid aktinium- och toriumserierna uppträder som *slutprodukt bly*, vartill såväl uran som även aktinium och torium småningom omvandlas. Utöver bly har man hittills icke lyckats följa omvandlingsserierna, ehuru det knappast är att antaga, att de faktiskt sluta med bly. Blott i två fall har man hittills kunnat påvisa radioaktivitet även hos grundämnen med lägre ordningstal än bly, nämligen hos *kalium* och *rubidium*, vilka båda visat sig vara β-strålande.

Vid de radioaktiva förloppen är kärnans sönderfallande spontant fortgående utan någon yttre påverkan. Det var därför en upptäckt av största räckvidd, då år 1919 *Rutherford* för första gången kunde påvisa en på *konstgjord* väg åstadkommen sönderdelning av ett grundämne och därtill ett grundämne av lågt ordningstal.

Tabell IV.

Uranserien.

Uran I (92; 238; VI a; 4,4 milliarder år)
α ↓
Uran X_1 (90; 234; IV a; 23,8 dagar)
β ↓
Uran X_2 (91; 234; V a; 1,15 minuter)
β ↓
Uran II (92; 234; VI a; 1 million år)
α ↓
Ionium (90; 230; IV a; 90,000 år)
α ↓
Radium (88; 226; II a; 1580 år)
α ↓
Radium-emanation (86; 222; VIII b; 3,85 dagar)
α ↓
Radium A (84; 218; VI b; 3,05 minuter)
α ↓
Radium B (82; 214; IV b; 26,8 minuter)
β ↓
Radium C (83; 214; V b; 19,5 minuter)
β ↓
Radium C' (84, 214; VI b; en hundramilliondels sekund)
α ↓
Radium D (82; 210; IV b; 16 år)
β ↓
Radium E (83; 210; V b; 4,85 dagar)
β ↓
Polonium (84; 210; VI b; 136,5 dagar)
α ↓
Uranbly (82; 206; IV b; stabilt)

Grundvalen för Rutherfords upptäckt utgjordes av iakttagelser på *α-strålars gång genom gaser*. Om en α-partikel sammanstöter med en atomkärna i gasen, så undergår icke endast α-partikeln en avböjning; enligt Newtons bekanta tredje rörelselag (principen om likhet mellan verkan och motverkan) måste även *den träffade atomkärnan* få en *stöt tillbaka*, och den slungas naturligtvis desto längre, ju lättare den är. När därför *Marsden* sände α-strålar genom *vätgas*, kunde han påvisa *scintillationer* (se tredje föredraget) på en zinksulfidskärm, som befann sig på mer än 80 cms avstånd från den s. k. α-strålande kroppen, ehuru α-strålarnas egen räckvidd blott var omkring 24 cm. Sedermera har Rutherford på experimentell väg visat, att partiklarna hos strålar av nämnda stora räckvidd i själva verket ha samma specifika laddning som de positiva elektronerna, d. v. s. som vätekärnorna. Efter vätets kemiska formel betecknas därför dylika strålar *H-strålar*.

Icke långt efter upptäckten av H-strålarna gjorde Marsden i samarbete med *Lantsberry* den överraskande iakttagelsen, att nickelbleck, överdraget med radium C, genom vanlig luft kunde framkalla scintillationer på ett avstånd, som var vida större än räckvidden hos de av radium C utsända α-strålarna.[11] Då Rutherford fullföljde sina undersökningar rörande denna först gåtfulla företeelse, gjorde han den viktiga upptäckten, att antalet scintillationer sammanhängde med det ämne, som uppfyllde rummet mellan nickelblecket och den lysande skärmen. Scintillationerna uteblevo, om mellanrummet var tomt eller var fyllt med kolsyra eller syrgas i stället för med luft. Däremot ökades antalet scintillationer, då Rutherford ersatte luften med rent kväve.

Av detta förhållande kom Rutherford att draga den slutsatsen, att partiklarna hos nämnda strålar blott kunna härröra från en *sönderdelning av kvävekärnorna*. Genom bombardemanget med α-partiklar lyckas denna söndersplittring på konstlad väg, under det att vid de radioaktiva företeelserna sönderfallandet av atomkärnorna äger rum spontant. Den närmare undersökningen av de strålar, som uppstå genom söndersplittring av kvävekärnorna, medförde emellertid nu, att man kunde påvisa, att dessa strålar i själva verket äro H-strålar. På grund av scintillationernas antal har man beräknat, att i medeltal kommer blott en enda splittrad kvävekärna på omkring hundra tusen utsända α-partiklar. Man kan härav beräkna, att på ett år medelst ett gram radium[12] skulle kunna ur kväve frambringas blott ungefär en tusendels kubikmillimeter vätgas.

Vid senare försök fann Rutherford, att genom α-partiklarna hos radium C vätekärnor frigöras även ur atomerna hos *bor*, *fluor*, *natrium*, *aluminium* och *fosfor*. Kärnsplittringen lyckas blott hos grundämnena med de udda ordningstalen 5, 7, 9, 11, 13 och 15. Däremot utsändas icke H-strålar varken av litium med ordningstalet 3 eller klor med ordningstalet 17, ej heller av de undersökta grundämnena med jämt ordningstal (kol, syre, svavel o. s. v.).[13] Rutherfords sensationella upptäckt av den med utsändning av H-strålar förbundna kärnsplittringen visar sig som en omedelbar experimentell bekräftelse av en djärv hypotes, som *Prout* hade uppställt redan år 1815, och enligt vilken alla grundämnens atomer skulle vara uppbyggda av *väteatomer*, såsom varande det lättaste av alla grundämnen. Prout stödde därvid sitt antagande särskilt genom att påvisa, att alla *atomvikter*, beräknade i förhållande till väte, vore *hela tal*. Detta påstående visade sig emellertid senare icke längre hållbart. Då nämligen atomviktsbestämmelserna blevo noggrannare, konstaterades hos många grundämnen avvikelser från heltalsregeln, så i synnerhet för klor, vars atomvikt fastställdes till $35^1/_2$, i skenbart fullständig motsats till Prouts hypotes, vilken därför också till en början åter råkade i glömska. Denna motsägelse, vilken efter elektronteorins uppkomst måste kännas såsom särskilt störande, fann emellertid sin fullständiga lösning genom den moderna atomforskningens resultat.

Under det nämligen *kärnladdningen* och därmed den kemiska karaktären synas betingade av *differensen* mellan de i kärnan befintliga positiva och negativa elektronerna, beror *atomvikten* av *summan positiva elektroner* (emedan ju en negativ elektrons massa kan försummas i jämförelse med massan hos en positiv). Sålunda kunna två atomer med lika kärnladdning likväl hava olika massa, och de ämnen, vilka dessa atomer tillhöra, skulle i enlighet därmed vid lika ställning i det periodiska systemet, d. v. s. *med samma kemiska egenskaper*, uppvisa en *olika atomvikt*. Sådana ämnen, vilka alltså egentligen blott utgöra *olika arter av ett och samma grundämne*, kallar man *isotoper* (emedan dessa ämnen intaga samma plats i det periodiska systemet, och »samma plats» på grekiska heter »isos topos»). Nödvändigheten av isotopin blev för övrigt klargjord redan därav, att för de omkring fyrtio bekanta radioaktiva grundämnena blott tio platser i det periodiska systemet stodo till förfogande.[14]

Isotopa ämnen måste uppenbarligen ha samma kemiska och nästan samma fysiska egenskaper. Olika kunna blott sådana egenskaper vara, vilka äro betingade av kärnmassan. Genom *kemiska metoder* kunna därför isotoper *icke skiljas;* därigenom förklaras också uppträdandet av s. k. *blandelement*, vilka bestå av en mängd isotopa ämnen. På grund av den fullständiga överensstämmelsen i dess beståndsdelars egenskaper förefaller just en sådan blandning såsom ett enhetligt grundämne.

En *sönderdelning* eller åtminstone en *analys* av blandelement visar sig emellertid möjlig genom metoder, vilka grunda sig på kärnmassornas olikhet, och härpå beror den av *J. J. Thomson* uppfunna *kanalstrålsanalysen*. Kanalstrålarna äro, såsom nämndes redan i tredje föredraget, positivt elektriska strålar, vilka vid stark förtunning uppträda i Geisslerrör och bestå av joner av den i röret befintliga gasen. I ett elektriskt fält avböjas de och beskriva därvid parabler, vilkas krökning beror av massan hos kanalstrålarnas partiklar. Men om nu gasatomerna icke genomgående ha samma massa, emedan gasen just är ett blandelement, så måste de med varandra blandade isotoperna giva skilda parabler; genom mätningar är det därvid möjligt att noggrant utröna atomvikterna av de blandade isotoperna.

Fall av isotopi iakttogos hos radioaktiva grundämnen redan under början av 1900-talet. Voro t. ex. salter av *torium* och *ionium* (radiums moderämne) på något sätt blandade med varandra, så visade det sig fullständigt omöjligt att senare genom några som helst metoder åter skilja dem från varandra; men dessutom visade det sig också, att *spektra* av *torium* och *ionium* fullkomligt överensstämma. Likaså visade sig även bly och radium D icke skiljbara från varandra, ej heller radium och det ur toriummineral utvunna mesotorium I.

Redan år 1910, d. v. s. före uppkomsten av teorin om atomkärnan, grundade *Soddy* på dessa iakttagelser den nya uppfattningen om isotopin, vilken han förmodade skulle finnas utom hos de radioaktiva grundämnena även hos de övriga, de s. k. *inaktiva grundämnena*. I själva verket lyckades J. J. Thomson år 1912 genom kanalstrålsanalys påvisa, att ädelgasen *neon* är sammansatt av *två atomslag* av olika atomvikt (20 och 22). År 1914 bekräftades genom nya mätningar även riktigheten av den av Soddy gjorda förmodan, att *atomvikten hos bly* måste visa sig ha olika värden, allteftersom det vore fråga om »vanligt» bly eller om bly, som uppkommit ur uranmineral, eller om bly, som uppkommit ur toriummineral. (Såsom förut nämnts förvandlades ju såväl uran som även torium så småningom till bly.) Under det nu atomvikten hos vanligt bly uppgår till 207,2, har man faktiskt hos bly ur uranmineral funnit atomvikter ända ned till 206,05 och hos bly ur toriummineral ända upp till 207,9.

Det egentliga utforskandet av isotopin började emellertid först då *Aston* år 1919 genom en genialisk idé utvidgade kanalstrålsanalysen till s. k. mass-spektroskopi. Krökningen av de förut omnämnda parablerna beror nämligen utom av partiklarnas massa även av deras hastighet, och denna är i allmänhet olika även för partiklar med samma massa. Aston inkopplade nu efter det elektriska fält, som framkallade parablerna, även ett magnetiskt,[15] så beskaffat, att alla partiklar av lika massa även vid olika hastighet åter sammanträffa i en och samma punkt eller på samma linje, vilken, om den faller på en fotografisk plåt, skarpt avtecknar sig på denna. Genom de mass-spektra, som Aston sålunda erhöll, var han i stånd att noga med varandra jämföra partiklarnas massa och på så sätt även noggrant bestämma isotopernas atomvikter. Därvid visade sig nu i själva verket massorna hos de mest olika positiva partiklar såsom hela *mångfalder av väteatomens massa.*[16]

Medelst den nya metoden kunde Aston icke blott noggrannare bekräfta Thomsons upptäckt av neons isotopi utan snart även visa, att *klor*, vars avvikelse från heltalsregeln alltid känts såsom särskilt störande, utgör en blandning av två isotoper med de exakta atomvikterna 35,0 och 37,0. Då blandningens genomsnittliga atomvikt uppgår till 35,46, så måste den lättare isotopen vara företrädd i omkring tre gånger så stor mängd som den tyngre (vilket f. ö. även framgår av intensiteten hos linjerna i mass-spektrum). Den skenbart likformiga fördelningen av de båda ämnena torde få sin bästa förklaring genom jordens ursprungligen gasformiga tillstånd.

Medelst Astons mass-spektrograf och liknande metoder har man hittills (hösten 1923) redan undersökt 46 inaktiva grundämnen med avseende på isotopi, varvid, såsom tabell V visar, 92 slags atomer ha bestämts. (Om även de osäkra inom parentes satta resultaten medräknas, kommer man upp till siffran 98). Då även av de radioaktiva grundämnena, som så när som på två luckor fylla de sista tolv platserna i det periodiska systemet, 40 slags atomer äro kända (vartill komma ytterligare fem stabila arter av dessa grundämnen), och då det finnes 31 grundämnen, vilka ännu icke äro analyserade, så torde hela antalet olika slag av atomer säkerligen överstiga tvåhundra. Bland de redan analyserade grundämnena ha 22 visat sig såsom enhetliga grundämnen, s. k. *rena grundämnen,*[17] åtminstone i den meningen att hos dem en möjligen förefintlig uppblandning med isotoper är för ringa för att kunna påvisas.[18]

Ett *partiellt skiljande* av isotoper visar sig naturligtvis möjligt endast genom sådana metoder, som begagna sig av olikheten i atommassa.[19] Då förgasningshastigheten beror av atommassan, lyckades det därför *Brönsted* och *Hevesy* att genom *successiv förgasning* framställa *två slags kvicksilver*, vilkas täthet visar en skillnad av en halv promille, och vilkas »atomvikter» därför skilja sig på en tiondels enhet. Med samma förfarande kunde dessa forskare även framställa *två slags klor*, vilka skilja sig på mer än två enheter i andra decimalen.[20]

Tabell V.

Isotoper.

Ord-nings-tal	Grundämne	Atom-vikt	Antal isotoper	Isotopernas massor, ordnade efter deras andel i blandningen
1	Väte	1,008	1	1,008
2	Helium	4,00	1	4
3	Litium	6,94	2	7, 6
4	Beryllium	9,02	1	9
5	Bor	10,82	2	11, 10
6	Kol	12,00	1	12
7	Kväve	14,008	1	14
8	Syre	16,000	1	16
9	Fluor	19,00	1	19
10	Neon	20,2	2	20, 22
11	Natrium	23,00	1	23
12	Magnesium	24,32	3	24, 25, 26
13	Aluminium	26,96	1	27
14	Kisel	28,3	2	28, 29
15	Fosfor	31,04	1	31
16	Svavel	32,07	1	32
17	Klor	35,46	2	35, 37
18	Argon	39,88	2	40, 36
19	Kalium	39,10	2	39, 41
20	Kalcium	40,07	2	40, 44
21	Skandium	45,10	1	45
22	Titan	48,1	1	48
23	Vanadin	51,0	1	51
24	Krom	52,0	1	52
25	Mangan	54,93	1	55
26	Järn	55,84	1 (2)	56, (54)
27	Kobolt	58,97	1	59
28	Nickel	58,68	2	58, 60
29	Koppar	63,57	2	63, 65
30	Zink	65,37	4	64, 66, 68, 70
31	Gallium	69,72	2	69, 71
32	Germanium	72,5	3	74, 72, 70
33	Arsenik	74,96	1	75
34	Selen	79,2	6	80, 78, 76, 82, 77, 74
35	Brom	79,92	2	79, 81
36	Krypton	82,9	6	84, 86, 82, 83, 80, 78
37	Rubidium	85,5	2	85, 87
38	Strontium	87,63	1	88
39	Yttrium	88,9	1	89
47	Silver	107,88	2	107, 109
50	Tenn	118,7	7 (8)	120, 118, 116, 124, 119, 117, 122, (121)
51	Antimon	121,8	2	121, 123
53	Jod	126,92	1	127
54	Xenon	130,2	7 (9)	129, 132, 131, 134, 136, 128, 130, (126), (124)
55	Cäsium	132,8	1	133
80	Kvicksilver	200,6	(6)	(197—200), 202, 204

Isotopin och radioaktiviteten bevisa, att atomkärnorna utgöra system, sammansatta av positiva och negativa elektroner.[21] De positiva elektronernas övervikt åstadkommer en positiv helhetsladdning hos kärnorna, vilken neutraliseras av de negativa elektroner, som kretsa omkring kärnan. Men då nu grupperingen av dessa elektroner omkring kärnan regleras genom kvantum-förhållandena, så visa atomerna (bortsett från ädelgasernas) benägenhet att avgiva elektroner eller upptaga nya sådana. Därigenom kan atomernas neutralitet upphävas och en positiv eller negativ *helhetsladdning* hos atomen åvägabringas. En sådan helhetsladdning sträva nu atomerna — till följd av den från dem utgående elektrostatiska attraktionen — att på så sätt neutralisera, att de förena sig med andra, likaledes ej neutrala men motsatt laddade atomer, till *molekyler av en kemisk förening.*

En dylik förening mellan motsatt laddade atomer betecknas som en *heteropolar förening.* Men då varje atom är sammansatt av enskilda positiva och negativa elektroner, så kunna även två neutrala atomer utöva attraktion på varandra, för den händelse att motsatta elektroner i de båda atomerna bringas tillräckligt nära varandra. I sådana fall uppstå s. k. *homeopolära föreningar.*

De viktigaste exemplen på homeopolära föreningar äro de som uppstå mellan *atomerna av samma grundämne.* I gasformigt tillstånd äro (såsom framgår ur mätningen av gastätheten och *Avogadros* lag[22]) molekylerna hos väte, kväve, syre och halogenerna genomgående *tvåatomiga*, vidare även hos selen och tellur. Hos svavel har man kunnat påvisa *åttaatomiga* molekyler, hos fosfor och arsenik vid icke alltför höga temperaturer *fyratomiga.* Hos syre och väte känner man en *treatomig* modifikation.[23] Hos metallerna inom första gruppen av det periodiska systemet ha bestämningarna av gastätheten genomgående fört till det resultatet, att hos dem en molekylbildning icke äger rum, att alltså, som man brukar säga, deras molekyler äro *enatomiga.* Att detta även är fallet för ädelgaserna, synes med deras fullständiga, kemiska inaktivitet självfallet.

Såsom ett särskilt fall av molekylbildning måste även *kristallbildningen* anses, vars natur man alltsedan *Laues* upptäckt lyckats ganska väl reda ut. Ur Laues i första föredraget omnämnda diagram drogo först *W. H.* och *W. L. Bragg* (far och son) år 1913 vissa slutsatser angående olika kristallers struktur, så t. ex. om *stensaltkristallens*, vilken utgör en förening av klor- och natriumatomer i lika antal. Som herrarna Bragg funno, är strukturen

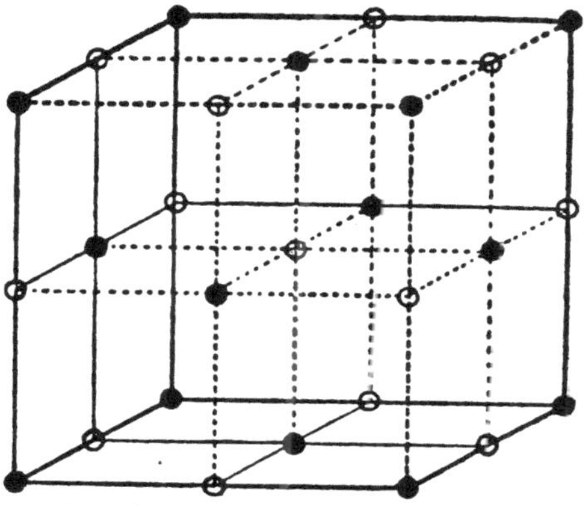

Fig. 6. Stensaltkristallens struktur.

hos stensaltkristallen utomordentligt enkel: natrium- och kloratomerna äro anordnade i form av kuber på lika avstånd från varandra. (I fig. 6, vilken man har att tänka sig fortsatt i alla riktningar, äro natrium- och kloratomerna utmärkta genom små ljusa och mörka cirklar.) Fig. 7 lämnar ett exempel på *diamantens* struktur, vid vilken alltid fyra godtyckligt valda närliggande kolatomer bilda hörnpunkterna i en tetraeder. Kristallerna utgöra enstaka jättemolekyler, i vilka emellertid på grund av den fullständigt regelbundna anordningen de olika slagen

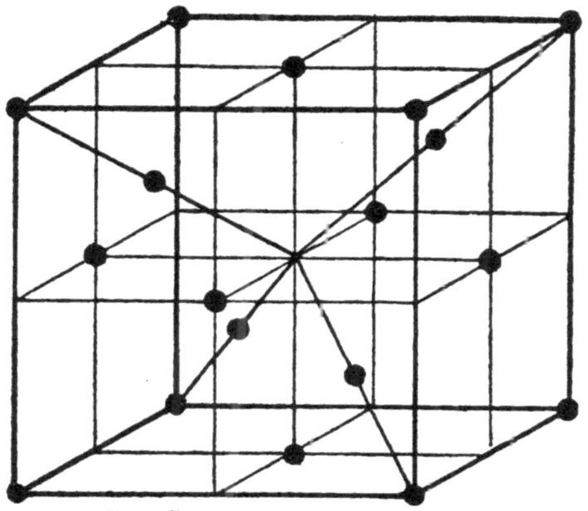

Fig. 7. Diamantens struktur.

av atomer äro förenade med varandra i mycket enkla talförhållanden, så att kristallen kan tillskrivas en enkel kemisk formel och i enlighet därmed en bestämd molekylarvikt.

Materiens uppbyggande försiggår således, under medverkan av elektriska krafter, i *tre huvudstadier*. Det första utgör bildandet av *grundämnets kärna*, det andra kärnans utvidgning till *atom*, det tredje slutligen atomernas förening till *molekyler*, av vilkas struktur ämnenas flesta kemiska och fysikaliska egenskaper bero.

SJÄTTE FÖREDRAGET.

Relativitetsteorin.

Liksom begreppet materia genom elektronteorin förlorade sin ursprungliga betydelse, så har ett annat av filosofins fundamentala begrepp, tidens, undergått en fullständig förändring genom *relativitetsteorin*, en av människoandens djärvaste och mest storslagna idéer. Den skapades år 1905 av *Einstein*. Dennes vidare utformning av teorin ledde till lösningen av det gamla problemet om tyngdens natur samt visade slutligen hän på ett underbart samband mellan fysiken och geometrin.

Anledningen till uppkomsten av relativitetsteorin var en egendomlig motsägelse. Av den s. k. klassiska fysikens formler följde nämligen, att det i *optiskt* avseende måste finnas något sådant som *absolut rörelse*, under det att i *mekaniskt* avseende begreppet absolut rörelse betraktades som fullkomligt *meningslöst*.[1] Om vi nämligen antaga, att för en iakttagare ljuset synes fortplanta sig lika fort i alla riktningar, och vi sedan betrakta en annan, vilken på något sätt befinner sig i rörelse mot den förste, så skulle för denne andre iakttagare enligt formlerna för den klassiska fysiken ljusets utbredning omöjligt kunna ske lika hastigt i alla riktningar.

Härav tycktes följa, att vid en sinnrik anordning av ett visst optiskt försök jordens rörelse måste visa sig utöva ett avsevärt inflytande på ljusets utbredning. Men då den amerikanske fysikern *Michelson* år 1884 företog detta svåra experiment, märktes ej ett spår av sådant inflytande.[2] Detta resultat överraskade fysikerna i högsta grad, emedan det dock från första början måst synas dem osannolikt, att det inom en gren av fysiken, nämligen optiken, skulle finnas en absolut rörelse, inom en annan, mekaniken, däremot icke. Den teoretiska fysiken fick nu den svåra uppgiften att lösa den *motsägelse*, som sålunda uppstått mellan erfarenheten och den klassiska fysiken.[3] Först Einsteins geni lyckades det att finna den fullständiga lösningen härav och detta tack vare att han avslöjade en *falsk föreställning*, som en gång vunnit inträde i fysiken, och där blivit så djupt rotad, att man ej längre var medveten om dess oriktighet, nämligen föreställningen om en *absolut tid.*[4]

Det var måhända det radikalaste framsteg, som den teoretiska fysiken någonsin haft att notera, då Einstein 1905 uppvisade det oriktiga i denna föreställning, som blivit upphöjd till en dogm, och ersatte den med en ny, verkligt revolutionerande tanke. Detta var tanken, att alla *tidsbestämningar*, genom vilka ett fysikaliskt förlopp beskrives eller registreras, blott kunna ha en *relativ* betydelse. Enligt Einstein skola nämligen alla tidsbestämningar bero av den beskrivande iakttagarens observationspunkt och äro således olika för iakttagare, som befinna sig i rörelse mot varandra. Men å andra sidan måste, såsom Michelsons försök visar, ett bestämt *samband* förefinnas mellan tiderna hos två iakttagare, som röra sig mot varandra. Båda iakttagarna kunna nämligen var från sin observationspunkt *med samma rätt* påstå, att ljuset för honom fortplantar sig med samma hastighet åt alla riktningar.

Fordran på tidens relativitet och kravet på ett visst samband mellan två olika relativa tider utgöra innehållet i Einsteins s. k. *relativitetsprincip*. Man kan alltså framställa denna i den formen, att de tidsbestämningar, medelst vilka ett fysikaliskt förlopp beskrives, äro relativa och beroende av iakttagarens observationspunkt, men att å andra sidan tidsbestämningarna måste uppfylla det villkoret, att ljuset för iakttagaren måste utbreda sig med *samma hastighet i alla riktningar*.

En omedelbar följd av relativitetsprincipen är, att lika litet som det finnes ett absolut tidsmått, kan det finnas ett absolut längdmått. Har en stav för *en* iakttagare, i förhållande till vilken den befinner sig i vila, en bestämd *längd*, så måste samma stav synas *kortare* för varje iakttagare, som rör sig mot den förste. En stav, vilken i förhållande till jorden befinner sig i vila, och som för en iakttagare på jorden har en längd av en meter, skulle exempelvis för en iakttagare på solen synas en tvåhundratusendels millimeter kortare. Hur ringa denna förkortning än är, så är den dock förklaringen till att Michelsons försök misslyckades.[5] Å andra sidan synes enligt relativitetsprincipen en företeelse på jorden, iakttagen från solen, förflyta *långsammare* än för en iakttagare på jorden. Ja, själva begreppet *samtidighet* förlorar sin betydelse. Två händelser, vilka för en iakttagare synas förlöpa samtidigt, synas icke så för en annan, vilken förflyttar sig mot den förste. Även begreppet *form* blir relativt. En kropp, vilken i förhållande till en iakttagare befinner sig i vila och för denne synes klotformig, synes för en annan iakttagare, gentemot vilken den befinner sig i rörelse, såsom en *avplattad rotationsellipsoid.* En mycket viktig följd av relativitetsprincipen är, att man genom sammansättning av hastigheter dock aldrig kan uppnå större hastighet än ljusets.[6] Hastigheter större än ljusets äro enligt relativitetsprincipen orimliga. *Ljushastigheten* spelar inom relativitetsteorin samma roll som *oändligheten* inom matematiken.

Alla dessa följdsatser förefalla naturligtvis till en början i högsta grad paradoxala. Det är icke lätt att fatta deras innebörd och vänja sig vid dem, och därav förklaras även det häftiga motstånd, vilket på många håll mötte relativitetsteorin vid dess framträdande. Men mycket snart visade sig relativitetsteorin vara en upptäckt av allra största räckvidd. Redan samma år som Einstein framlade sin princip, insågo han och andra forskare, vilka omvälvningar inom fysiken den nya principen nödvändigtvis måste leda till.

Till de viktigaste lagarna för den klassiska fysiken hör som bekant framför allt *Newtons* s. k. *andra rörelselag.* Enligt detta har accelerationen (d. v. s. hastighetsökningen per tidsenhet) städse samma riktning som den verkande kraften, och förhållandet mellan båda, d. v. s. förhållandet mellan kraften och den acceleration den framkallar, har ett värde, som är oberoende av kraftens storlek och riktning, och som man betecknar såsom den accelererade kroppens tröga massa. Av relativitetsprincipen följer, att denna för den klassiska mekaniken fundamentala lag blott äger approximativ, alltså icke fullkomlig giltighet. Den gäller blott för sådana rörelser, vilka för den beskrivande iakttagaren äga en i förhållande till ljuset *ringa hastighet*. Men äro rörelserna för iakttagaren så snabba, att deras relativa hastighet i förhållande till iakttagaren icke längre är ringa gentemot ljusets hastighet, så måste iakttagaren märka *avvikelser* från den klassiska mekanikens lagar. *Accelerationens riktning* avviker då vanligen från kraftens riktning. Men framför allt är massan beroende av *hastigheten.*[7] Om hastigheten närmar sig ljusets, så *växer massan* mycket fort, så att en kropp vilken med ljusets hastighet befinner sig i rörelse mot en iakttagare, av denne måste tillskrivas en oändligt stor massa.

Hur paradoxala än dessa märkliga följder av relativitetsteorin till en början måste förefalla var och en, som är van vid den klassiska fysiken, så ha de dock på ett storslaget sätt faktiskt blivit *genom experiment bekräftade*. För den experimentella fysiken är ju väl bekant, att det finnes kroppar med massa, som röra sig med hastigheter uppgående ända till 99,8 proc. av ljusets hastighet. Det är *Beta-strålarna* (jfr tredje föredraget), för vilka man ju bestämt å ena sidan β-partiklarnas hastighet, å andra sidan deras specifika laddning, d. v. s. förhållandet mellan deras laddning och massa. Då laddningen är oberoende av hastigheten, så måste, enligt relativitetsteorin, till följd av massans ökning den specifika laddningen bli mindre med växande hastighet. Den experimentella undersökningen har i själva verket påvisat detta avtagande i full *kvantitativ överensstämmelse* med formlerna för relativitetsteorin. En andra, ej mindre storartad bekräftelse för de relativitetsteoretiska formlerna lämnas av *spektrallinjernas finstruktur*, vilken behandlats i fjärde föredraget.

Redan samma år som Einstein uppställde sin relativitetsprincip, upptäckte han även som nödvändig följd av principen en sats av oerhörd räckvidd, vilken man kallar satsen om *energins tröghet.* Einstein fann nämligen, att varje kropp, som förändrar sitt energiinnehåll, därvid även måste undergå en förändring av sin massa. Förminskas t. ex. genom värmeutstrålning energiinnehållet hos en kropp, så förminskas därvid även kroppens massa med ett värde, lika stort som den avgivna energin, dividerat med kvadraten på ljushastigheten. Ökas energiinnehållet, t. ex. genom uppvärmning eller genom absorption av strålning, med ett visst belopp, så ökas massan med samma värde, också nu dividerat med kvadraten på ljusets hastighet.

Härav måste man vidare sluta, att varje energi som sådan måste tillerkännas en trög massa, ja, än mer, att över huvud taget varje massa har sitt ursprung i energi. *Massa* och *energi* bli sålunda *identiska begrepp*, endast skilda genom en proportionalitetsfaktor. Denna är beroende av enheterna och lika med kvadraten på ljusets hastighet. All energi i och för sig äger massa, varje massa energi.[8] Så visa sig principerna om massans och energins oförstörbarhet, *Lavoisiers* och *Mayers* lagar, genom relativitetsteorin förenade till *en enda princip*. Orsaken till att båda satserna trots sin närbesläktade karaktär tyckas spela en självständig roll ligger i de försvinnande små förändringar av massan, vilka äro förbundna med energiförändringarna. Så skulle exempelvis t. o. m. vid den relativt oerhörda värmeutvecklingen hos radium, den hos ett gram radium genom värmeavgivandet orsakade förlusten i massa under ett år blott uppgå till omkring ett 20000-dels milligram d. v. s. knappast vara möjlig att påvisa.[9]

Det är förvånansvärt, vilken mängd nya för fysiken fullkomligt revolutionerande satser, som inom ett år framgingo ur Einsteins relativitetsprincip. Den djupare meningen hos relativitetsprincipen fattades emellertid först av matematikern *Minkowski* i Göttingen år 1908. Genom relativitetsprincipen uttryckes ju ett samband mellan den relativa tiden och de tre rymd-koordinaterna, av vilka fysiken begagnar sig för att angiva en punkts läge i rummet. Detta samband kan man nu, såsom Minkowski upptäckte, även *geometriskt uttrycka* på så vis, att kvadraten på produkten av tiden och ljusets hastighet, med motsatt förtecken, samt kvadraterna på de tre rymdkoordinaterna sinsemellan motsvara kvadraterna på fyra koordinater i en *geometri i fyra dimensioner*.[10]

Denna fyrdimensionala mångfald, som sålunda är en *förening av rum och tid*, betecknar man nu som *Minkowskis värld*. En punkt i densamma, den s. k. »*världspunkten*», har *fyra koordinater*, *tre rymdkoordinater* och *en tidskoordinat*. Vi antaga, att en kropp, som befinner sig i rörelse, vid en viss tid befinner sig på en viss plats, vilken kan angivas genom tre rymdkoordinater; detta kan då symboliskt uttryckas genom att man fixerar en världspunkt, vars rymdkoordinater just motsvara denna orts koordinater, och vars tidskoordinat motsvarar den tid, då ifrågavarande kropp befinner sig på nämnda plats.

Genom bredvid varandra belägna världspunkter uppstår en »*världslinje*», och rörelsen hos varje punktformig kropp visar sig alltså möjlig att symboliskt framställa genom en världslinje. *Världslinjens lutning mot tidsaxeln* åskådliggör den *hastighet*, som kroppen har för iakttagaren. Är världslinjen *rak*, d. v. s. om den i hela sitt förlopp har samma lutning mot den valda tidsaxeln, så är alltså genom världslinjen en *likformig rörelse* åskådliggjord, d. v. s. en rörelse med samma riktning och med konstant hastighet. Genom en böjd världslinje däremot åskådliggöres en olikformig rörelse, varvid accelerationen är bestämd genom krökningens storlek.

Genom den av*Einstein* år 1905 uppställda relativitetsprincipen torde nu begreppet absolut *vila* ha förlorat varje betydelse för fysiken. Trots detta hade dock genom denna princip ingalunda begreppet absolut *rörelse* fullkomligt utrotats. Ty den likartade rörelsen hos två system, som förflytta sig i förhållande till varandra, kan dock återföras på *specialfallet en likformigt fortskridande rörelse*. Det kan visserligen enligt relativitetsprincipen icke finnas något speciellt koordinatsystem, som kan givas företräde; det kan dock tänkas en mångfald särskilda lika berättigade koordinatsystem, vilka alla sinsemellan befinna sig i likformig rörelse. Blott i förhållande till dessa system synes den kropps rörelse likformig, vilken bestämmes av *trögheten*. En iakttagare däremot, som hänför en sådan rörelse till ett annat system, skall städse konstatera närvaron av s. k. *tröghetskrafter*, på vilka *centrifugalkraften* är ett allmänt bekant exempel, den skenbara kraft, genom vilken på det roterande jordklotet framkallas den östliga avvikningen hos fritt fallande kroppar.[11] Det ryck man känner i en järnvägsvagn vid en plötslig bromsning eller då man passerar en skarp kurva är verkan av sådana tröghetskrafter likaväl som *Foucaults pendelförsök* eller den av jordrotationen uppkomna *avplattningen av jorden*.

Så känna vi oss föranledda till det antagandet, att det visserligen icke finns några absoluta hastigheter, men väl *absoluta accelerationer och absoluta rotationer*. Ett sådant antagande skulle dock betyda en återgång till de genom relativitetsprincipen övervunna fördomarna, till *Newtons* satser om ett absolut rum och en absolut tid. Det är givet, att de teoretiska fysikerna icke i längden kunde vara tillfreds med en sådan, blott partiell och mot sig själv stridande relativitet, och detta allra minst skaparen av relativitetsteorin själv. En genialt enkel tankegång förde *Einstein* på rätt väg, där han visserligen ännu hade oerhörda svårigheter att övervinna för att nå målet.

För att förstå *Einsteins* grundtankar föreställa vi oss en iakttagare *A* och vidare en liten kropp, som blott under inflytande av sin tröghet rör sig i en bestämd riktning, vilken vi kunna kalla z-riktning. För iakttagaren *A* kommer då helt naturligt kroppen att röra sig likformigt på en rät linje. Vi tänka oss nu en annan iakttagare *B*, som från den förste iakttagaren *A* rör sig i *z*-riktningen med en *konstant ökning av hastigheten*, *f* (d. v. s. konstant acceleration). För iakttagaren *B* skall kroppens rörelse helt naturligt visa sig *likformigt* accelererad med värdet f i motsatt riktning mot z-riktningen. Vi tänka oss nu olika kroppar av olika massa och kemisk beskaffenhet, låt oss säga en av bly, en av sten, en av kork o. s. v. De kunna röra sig i vilka riktningar som helst och med godtyckliga hastigheter, dock endast under inflytande av sin egen tröghet. För iakttagaren *B* skola då naturligtvis alla dessa kroppar visa *samma, av massan och den kemiska beskaffenheten oberoende* acceleration, nämligen av storleken f, och motsatt z-riktningen; och detta faktum skall nu iakttagaren B, om han alls ingenting vet om iakttagaren A och sin egen acceleration gentemot denne, uppenbarligen tyda så, att han befinner sig i ett *homogent tyngdfält.* Ty för ett sådant är det ju, såsom man alltsedan *Galilei* vetat, karakteristiskt, att alla i detta fält befintliga kroppar erhålla samma acceleration, oberoende av alla deras egenskaper.

För beskrivningen av de fysikaliska fenomen, som äga rum i de båda iakttagarnas omgivning, är det alltså alldeles likgiltigt, om man ställer sig på iakttagaren A:s ståndpunkt eller på B:s, vilken rör sig med likformig *ökning* av hastigheten i förhållande till A, och som dessutom antager närvaron av ett homogent tyngdfält. De fysikaliska fenomenen erbjuda ingen möjlighet att träffa ett avgörande mellan dessa båda uppfattningar, vilka i enlighet därmed måste anses såsom likaberättigade.[12] Detta, som man brukar beteckna som *Einsteins ekvivalensprincip*, låter oss redan ana, att med det allmänna relativitetsproblemet måste problemet om *tyngdens* natur vara på det intimaste förbundet.

Förda på rätt väg genom ekvivalensprincipen, förmå vi nu ana grundtanken i den allmänna relativitetsteorin, nämligen att i likhet med tyngdkrafterna även *tröghetskrafterna* — vilka äro karakteristiska för en i rörelse befintlig kropp på bestämd plats och bestämd tid — icke äro en följd av absoluta accelerationer utan äro *bestämda genom materiens fördelning i rum och tid i världen.* Men omvänt öppnar sig därigenom också åter möjligheten av en uppfattning, som i *tyngdlagen* icke ser annat än den *allmängiltighet hos Galileis tröghetslag, som en allmän relativitetsprincip fordrar.*

Hur skulle nu en allmängiltighet hos denna tröghetslag vara möjlig? Den lär, att varje kropp, på vilken inga yttre krafter verka, rör sig i en rätlinjig bana med konstant hastighet. Överfört från tredimensionalt till fyrdimensionalt betraktelsesätt betyder alltså tröghetsprincipen, enligt vad som förut sagts, att *världslinjen*, vilken åskådliggör en *rörelse utan ver-*

kande krafter, måste vara en *rät linje*. Kan nu detta generaliseras? I själva verket lyckas detta genom ett *generaliserande av fysikens geometriska grundprinciper*.

För att förstå detta vilja vi för enkelhetens skull först tänka på den tvådimensionala geometrin. När en i ett plan dragen linje är att anse som rät torde väl knappast kunna ifrågasättas. Nu är emellertid en *tvådimensional geometri* möjlig likaväl i ett plan som *på ytan av ett klot*, ja, över huvud taget *i varje godtyckligt krökt yta;* och den frågan är redan svårare att besvara, när en på en sådan yta dragen linje är att anse som rät. Vi betrakta, låt oss säga på en glob, två punkter, som ligga på samma latitud men ha väsentligt olika longitud. Då vi endast känna *tvådimensional geometri*, kunna vi icke lösgöra oss från ytan. Men vad är då den på globens yta dragna räta linje, som förbinder de båda orterna? Är det den mellan dem liggande delen av parallellcirkeln? För att frågan över huvud taget skall ha någon mening, måste tydligen först det oklara begreppet »rät linje» ersättas med ett allmännare; och detta, vilket av gammalt är geometrin bekant, är begreppet den *geodetiska linjen*, vilken *definieras* som den *kortaste föreningslinjen mellan två punkter på ytan*. På grund av denna definition får man genom en geometrisk undersökning, att den del av parallellcirkeln, som befinner sig mellan de båda nyss betraktade punkterna, ingalunda utgör en geodetisk linje, utan att man fastmer erhåller en sådan, om man genom en av de båda punkterna lägger en s. k. storcirkel (vars medelpunkt sammanfaller med klotets), som samtidigt går genom den andra punkten. Vi kunna förlägga polen i den ena punkten och välja ur mångfalden meridianer ut den, som går genom den andra punkten. Så förklaras t. ex. det förhållandet, vilket i början förefaller paradoxalt, att en flygare, som vill flyga kortaste vägen från London till Australien, bäst tar vägen över Leningrad.

Nu kunna vi visserligen föreställa oss en krökt yta, d. v. s. en tvådimensional mångfald, vilken är »inbäddad» i en tredimensional, däremot kunna vi ej tänka oss ett krökt rum, vilket ju i och för sig redan är av tre dimensioner. Men bristfälligheten hos den mänskliga föreställningsförmågan utgör intet hinder för en abstrakt matematisk behandling. Sedan först *Gauss* år 1827 utvecklat en *allmän ytteori*, visade år 1854 matematikern *Riemann*, huru även vår vanliga *tredimensionala rymdgeometri* kan uppfattas som *specialfall* av en allmännare tredimensional geometri, i vilken alltså rummet är lika »krökt» som ytan i en tvådimensional geometri; och vad som gäller för den tredimensionala geometrin, det gäller också, som redan Riemann visade, för varje geometri av *godtyckligt dimensionstal*; det måste alltså även gälla för den såsom *»Minkowski-värld»* betecknade fyrdimensionala mångfald, vilken förbinder rum och tid med varandra. Om vi till grund för dennas matematiska behandling lägga en allmän i stället för en speciell geometri, ha vi att tänka oss också denna mångfald som krökt, varvid naturligtvis buktigheten oavbrutet kan ändras från punkt till punkt.

Det är nu *Einsteins* geniala tanke, att krökningen i Minkowski-världen står i samband med materiens fördelning i avseende på rum och tid. *Einsteins allmängiltiga tröghetslag*, vilken på samma gång just utgör den nya *tyngdlagen*, säger icke annat, än att varje kropp städse rör sig så, att dess *världslinje* är den *geodetiska* linjen *i den genom materien krökta* Minkowski-världen.[13] Denna uppfattning av gravitationen leder omedelbart till en mycket betydelsefull följdsats. Vi tänka oss på godtycklig plats och tid en kropp med godtycklig hastighet; dock må dess massa blott vara så liten, att den ej förmår öva märkbart inflytande på det materiella fältet och alltså ej heller på krökningen i Minkowski-världen. Enligt vad som förut sagts är massans rörelse åskådliggjord genom den geodetiska linje, vilken i ifrågavarande världspunkt lägges i den riktning, som motsvarar den givna hastigheten. Nu tänka vi oss än en gång kroppen på samma punkt, vid samma tid och med samma hastighet, men denna gång med en *massa blott hälften så stor* som förut. Rörelsen åskådliggöres nu genom *exakt samma geodetiska linje* som i första fallet. Men å andra sidan är accelerationen, såsom nyss visades, genom världslinjen fullkomligt bestämd för en given iakttagare. Anses alltså tyngdlagen som en generalisation av tröghetslagen, så framgår ur denna uppfattning som en nödvändig följd, att accelerationen uppfattad såsom en verkan av tyngdlagen måste vara oberoende av massan.

Detta kunna vi även uttrycka på annat sätt. På vanligt vis definiera vi såsom en kropps tröga *massa* det konstanta förhållandet mellan en godtycklig kraft, som verkar på kroppen, och den därav framkallade accelerationen (bortsett därvid från den relativistiska korrektionen). Vi komma då till en enhetsmassa, vars storlek beror av de enheter, som användas vid bestämning av kraften och accelerationen. Å andra sidan kunna vi emellertid bestämma kroppars massa på så vis, att vi mäta, huru många gånger större attraktion de erfara i tyngdfältet, än nämnda enhetsmassa. Det tal, som anger detta förhållande, bestämmer kroppens »*tunga massa*». Om nu faktiskt accelerationen i tyngdfältet är oberoende av den »*tröga*» *massan*, så måste enligt *Newtons* andra rörelselag tyngdkraften vara exakt proportionell mot den tröga massan. Mot den dubbelt så *tröga massan* måste alltså svara den dubbla tyngdkraften, alltså även den dubbelt så *tunga massan* o. s. v. *Tung och trög massa* måste vara identiska.

Detta fann ett bestämt uttryck redan hos *Galilei*, som insåg, att alla kroppar, vilken massa de än hava, i tomrummet falla med samma hastighet. I den klassiska mekaniken antogs det såsom fullt självklart, att den tröga massan vore proportionell mot vikten. Detta antagande blev på det noggrannaste bekräftat genom *Eötvös*' precisionsmätningar (1890). Dessa mätningar grundade sig på att en kropps vikt utgör resultanten av två krafter, av den s. k. rena attraktionen och av centrifugalkraften, vilken framkallas genom jordens rotation. Under det att den förstnämnda kraften betingas av den *tunga* massan, beror den sistnämnda av den *tröga* massan. Eötvös' med utomordentlig noggrannhet utförda mätningar visade nu, att även vid den största olikhet i massa och kemisk beskaffenhet likväl icke den minsta skillnad kunde påvisas hos den resulterande kraftens riktning. Satsen om den tunga och tröga massans identitet synes genom dessa mätningar fullt klarlagd.

Men under det att den före *Einstein* gällde som en självklar sak, varöver fysikerna icke reflekterade, har först genom Einsteins teori den djupare grunden till denna märkliga sats blivit uppenbar.

Den nya tyngdlagen är emellertid ännu ofullständig, så länge vi icke veta, enligt vilken lag Minkowski-världen är *krökt*. För att ernå en lösning även av denna fråga, tänka vi oss på en godtyckligt krökt yta ett *tvåfaldigt system av kurvor*, vilka vi kunna benämna x- och y-kurvor; ingen x-kurva får skära en annan x-kurva och ingen y-kurva en annan y-kurva (Fig. 8). Vidare föreställa vi oss var och en av de efter varandra följande x-kurvorna betecknade med hela tal och likaså varje y-kurva. Vi kunna emellertid också exempelvis mellan kurvorna $x = 6$ och $x = 7$ tänka oss tecknade ytterligare nio kurvor, vilka naturligtvis å sin sida icke få skära varandra, och kunna sedan tillskriva dessa kurvor talvärdena 6,1, 6,2 .... 6,9. Likaså kunna vi ytterligare mellan kurvorna $x = 6{,}1$ och $x = 6{,}2$ inskjuta nio kurvor och giva dessa talvärdena 6,11, 6,12, ... 6,19. På så vis kunna vi slutligen bestämma varje punkt på ytan genom tvenne talvärden, ett x- och ett y-värde samt anse dessa såsom ifrågavarande punkts koordinater, i detta ords vidare betydelse. Vi beteckna dem såsom punktens *Gaussiska koordinater*. De i plana geometrin vanligen begagnade *Cartesiska* koordinaterna utgöra helt naturligt blott *specialfall* av de Gaussiska.

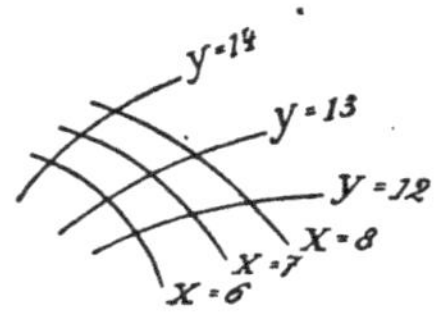

Fig. 8.

Sedan vi nu ha definierat ett Gaussiskt koordinatsystem, tänka vi oss tre på ytan nära varandra belägna punkter, vilka alltså bilda en triangel. I det plangeometriska specialfallet skulle då triangelns sidor, vinklar och ytinnehåll vara fullt bestämda genom de tre punkternas koordinater. Detta är dock ingalunda fallet inom en geometri på en godtyckligt krökt yta. Värdena på koordinaterna äro då *icke* tillräckliga för bestämmande av sidor, vinklar och ytinnehåll. Såsom *Gauss* insåg måste *dessutom* ännu en storhet vara känd, nämligen den *metriska fundamentaltensorn*. Denna tensor är given genom tre *komponenter*, tagna med avseende på ett bestämt, i ytan lagt koordinatsystem. Tretalet förklaras av att den har två komponenter längs de båda koordinataxlarna och en längs koordinatytan.

Denna tensor måste för den ifrågavarande plats, där vi tänkte oss den lilla triangeln konstruerad, vara entydigt given, om vi ur de tre punkternas koordinater vilja beräkna sidor, vinklar och ytinnehåll. Den bestämmer först *måttförhållandena*[14]; den ingår därför nödvändigtvis i alla formler för en allmän ytteori. Omvänt kan fundamentaltensorn även beräknas genom mätningar på den nyss nämnda triangeln, utan att man därutöver behöver veta något om hur ytan är »inbäddad i rummet» på ifrågavarande punkt. En *allmän ytgeometri* har alltså över huvud taget först då en mening, ja, är över huvud taget först då möjlig, då för varje punkt fundamentaltensorn är given; denna kan naturligtvis i allmänhet variera kontinuerligt från punkt till punkt.

I allmänhet är antalet komponenter hos fundamentaltensorn lika med summan av antalet koordinataxlar och koordinatytor. Inom den tredimensionala geometrin har därför fundamentaltensorn $3 + 3 = 6$ komponenter och inom fyrdimensional geometri $4 + 6 = 10$ komponenter. (I en fyrdimensional geometri finns det nämligen sex koordinatytor; en bildas av den första och andra koordinataxeln, en av den första och tredje, en av den första och fjärde, en av den andra och tredje, en av den andra och fjärde och slutligen en av den tredje och fjärde koordinataxeln) Om alltså fysiken låter det godtyckliga *antagandet* falla, att geometrin i Minkowski-världen måste vara plan, d. v. s. fri från krökning, då måste den också med *geometrisk nödvändighet* tillskriva varje punkt i Minkowski-världen ett bestämt värde på den tiokomponentiga fundamentaltensorn, vilken från punkt till punkt blott kan ändras kontinuerligt. Å andra sidan är materiens fördelning i rum och tid, m., a. o. alltså materiens fördelning i rummet och dess hastighetstillstånd, likaledes möjlig att framställa genom en tiokomponentig tensor, vilken likaledes i varje punkt i Minkowski-världen har sitt bestämda värde.

Förmedelst några plausibla antaganden kom nu Einstein fram till ett bestämt samband, som förbinder denna s. k. materietensor med fundamentaltensorn och med sådana storheter, vilka genom rena räkneoperationer låta sig direkt härleda ur fundamentaltensorn. Sitt uttryck får detta samband i de s. k. *Einsteinska fältekvationerna;* och *Einsteins tyngdlag* utsäger i enlighet därmed, att rörelsen hos en punkt framställes genom en geodetisk linje i Minkowski-världen, vars genom materien orsakade krökning måste satisfiera fältekvationerna.

Då såväl den geodetiska linjen som även världskrökningen är fullkomligt oberoende av det använda Gaussiska koordinatsystemet, så gäller därmed även Einsteins tyngdlag, m. a. o. den generaliserade tröghetslagen, för varje godtyckligt *Gaussiskt koordinatsystem.* Varje ändring av koordinatsystem, vilken i rymden visar sig såsom övergång mellan två tredimensionala koordinatsystem, som *befinna sig i godtycklig rörelse mot varandra*, motsvaras i det fyrdimensionala systemet alltid av en övergång från ett Gaussiskt koordinatsystem till ett annat.

Den generaliserade tröghetslagen måste alltså i form av Einsteins tyngdlag gälla på exakt samma sätt för två olika rymdkoordinatsystem, hur dessa än röra sig i förhållande till varandra. Vid övergången från ett system till ett annat ändra sig blott *komponenterna* till de i lagen uppträdande tensorstorheterna, och det är just de med övergången förbundna ändringarna, som av den klassiska mekaniken tolkades såsom *tröghetskrafter*, vilka alltefter valet av system måste vara olika. Genom den nya teorin synes alltså relativitetspostulatet bekräftat på det mest fulländade sätt. Därför betecknas också Einsteins gravitationsteori även som den *allmänna relativitetsteorin*, gentemot vilken den tidigare Einsteinska teorin — som visar sig vara ett specialfall av den nya — kallas den *speciella relativitetsteorin.*

Vid första approximationen ger Einsteins gravitationslag den bekanta *Newtons attraktionslag*, enligt vilken den attraherande kraften mellan två kroppar är direkt proportionell mot produkten av deras massor och omvänt proportionell mot kvadraten på avståndet. Newtons lag utgör emellertid blott ett *specialfall av Einsteins gravitationslag*, vilken helt naturligt måste vara mycket allmännare än Newtons.

I själva verket följer ur Einsteins lag med nödvändighet olika konsekvenser, vilka *icke* låta sig härleda ur Newtons lag, och härigenom gives en möjlighet att *pröva den allmänna relativitetsteorin genom erfarenheten*. Av Einsteins lag i motsats till Newtons kan man först och främst draga den viktiga följdsatsen, att de ellipser, vilka de enskilda planeterna beskriva omkring solen, måste undergå en ständig, mycket långsam vridning (i sitt eget plan) och detta i desto högre grad, ju närmare solen planeten är. I själva verket upptäckte astronomen *Leverrier* redan i mitten av 1800-talet, att banan hos den planet, som befinner sig närmast solen, *Merkurius*, på hundra år vrider sig en vinkel av 43 bågsekunder; den faktiskt iakttagna vridningen är nämligen större, än den skulle vara på grund av attraktionen av alla himlakroppar, som kunna komma i betraktande. Denna anomali i Merkurius' bana var en fullständig gåta för astronomerna; man hade t. o. m. på grund därav redan slutit sig till existensen av en obekant planet, som skulle ligga mellan Merkurius' bana och solen, och som skulle förorsaka de förmenta störningarna i planetbanan. Ur Einsteins teori följer nu, icke blott vridningen i Merkurius' bana, utan teorin ger också vid beräkning det i verkligheten observerade värdet.

Vidare följer ur Einsteins teori, att *spektrallinjer*, vilka härröra *från stjärnor med mycket stor massa*, måste visa en *förskjutning mot den röda änden av spektrum*. En sådan effekt ligger på gränsen av den noggrannhet man hittills kunnat uppnå genom mätningar. Ett slutgiltigt resultat har därför hittills icke varit möjligt, om ock *Grebes* och *Bachems* mätningar med tämligen stor sannolikhet tala för tillvaron av effekten.[15]

En tredje följdsats ur Einsteins gravitationslag har, hur märklig den ock till en början föreföll, i själva verket fullkomligt bekräftats genom astronomiska iakttagelser 1919 (och även nyligen, 1922), av såväl anhängare som motståndare till relativitetsteorin motsedda med samma spänning. Av Einsteins gravitationslag följer nämligen, att *ljusstrålar* måste krökas, då de passera förbi massor. En från en stjärna kommande stråle, som går omedelbart förbi solens yta, skulle enligt Einsteins teori undergå en *böjning* av sammanlagt 1,7 bågsekunder; går den förbi solen på ett avstånd dubbelt så stort som solens radie (beräknat från centrum), så vore böjningen hälften så stor o. s. v. På grund av strålens böjning skulle emellertid den stjärna, som utsänder strålen, icke av en observatör på jorden kunna iakttagas på sin verkliga plats; läget av de stjärnor, som ligga nära solen, skulle därför synas i viss mån ha undergått en förskjutning från solen, och detta desto mer, ju närmare de ligga solen (Fig 9).

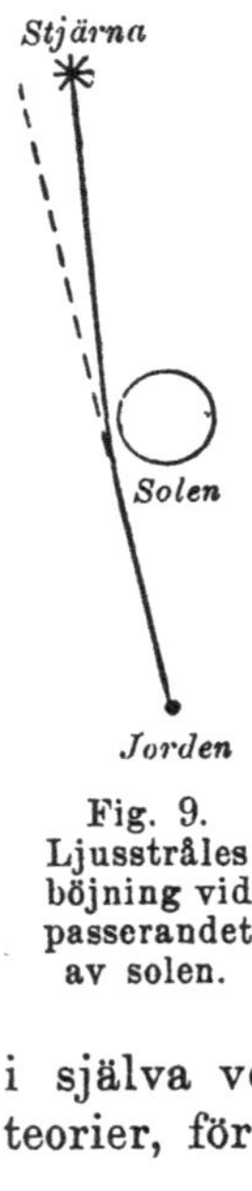

Fig. 9. Ljusstråles böjning vid passerandet av solen.

Nu äro emellertid de stjärnor, som stå i närheten av solen, i allmänhet osynliga; men under en *total solförmörkelse* kunna de ses och fotograferas. Vid en sådan solförmörkelse måste alltså »Einstein-effekten», om den faktiskt existerar, kunna iakttagas. Under de totala solförmörkelserna åren 1919 och 1922 blev nu solen jämte omgivande fixstjärnor fotograferad, och de noggranna mätningarna på fotografierna visade faktiskt den av Einstein förutsagda effekten, icke blott kvalitativt utan även kvantitativt fullkomligt riktigt, inom en felgräns av omkring 10 procent.[16] Detta var i själva verket en underbar triumf för den djärvaste av alla teorier, för den allmänna relativitetsteorin.

SJUNDE FÖREDRAGET.

Stjärnornas fysik.

Bland naturvetenskaperna är stjärnkunskapen utan jämförelse den äldsta. Hos alla forntidens kulturfolk börjar den vetenskapliga verksamheten med ett genomforskande av stjärnhimlen. Likväl hade kunskapen om stjärnorna, bortsett från utforskandet av vårt solsystem, mot slutet av 1700-talet knappast kommit längre än till lösningen av sina ursprungliga problem. Ännu för hundra år sedan var studiet av fixstjärnorna inskränkt till en registrering och katalogisering av de *skenbara lägen*, som stjärnorna intogo på *himlavalvet;* därtill kom på sin höjd en jämförelse mellan stjärnornas *skenbara ljusstyrka*, varjämte man drog vissa slutsatser om de *förändringar*, som man iakttog hos stjärnorna med avseende på antingen deras skenbara läge eller deras skenbara ljusstyrka.

Först under 1800-talet börja exakta forskningar rörande *stjärnvärldens byggnad* och om *fixstjärnornas fysikaliska beskaffenhet*, och sedan början av 1900-talet har inom detta forskningsområde astronomin i intimt samarbete med fysiken gjort de största framsteg, vilka ha lett till en djupare kunskap om den astronomiska världsbilden.

Den första verkliga och icke blott skenbara egenskap, som man konstaterade hos fixstjärnor, var *avståndet från vårt solsystem.* Möjligheten att göra en sådan avståndsbestämning grundar sig på det förhållandet, att på grund av jordens årliga rörelse omkring solen en oss närmare belägen stjärna periodiskt måste ändra sitt skenbara läge i förhållande till skenbart närbelägna, men oss i verkligheten betydligt mer avlägsna stjärnor. Redan på 1600-talet sökte några astronomer att medelst denna metod, den s. k. *trigonometriska*, beräkna avstånden till fixstjärnor. Men även de allra närmaste fixstjärnorna äro så oerhört avlägsna från oss, att dessa försök alltid misslyckades. Först år 1837 lyckades man för första gången bestämma avståndet till en fixstjärna; det var nämligen astronomen *Bessel* i Königsberg, som då lyckades beräkna avståndet till en av de ljussvagare stjärnorna i Svanens stjärnbild, n:r 61 *Cygni*. Avståndet till denna stjärna visade sig vara ungefär 700 000 gånger så stort som avståndet mellan jorden och solen.[1]

Såsom den fixstjärna, vilken befinner sig närmast oss, gällde till för kort tid sedan den klart lysande, i Europa dock icke synliga stjärnan α Centauri.[2] Dess avstånd från oss är ungefär 280 000 gånger så stort som jordens avstånd från solen; det uppgår alltså till ungefär 40 billioner kilometer. Såsom enhet vid beräkning av avståndet brukar man numera inom stellarastronomin vanligen använda *ett ljusår*, d. v. s. den sträcka, som ljuset, vars hastighet är 300 000 km i sekunden, tillryggalägger på ett år.[3] För att giva en föreställning om denna sträcka må erinras om att ljuset för att gå från månen till jorden behöver blott något över en sekund, från solen till jorden omkring åtta minuter och från solen till den yttersta planeten, Neptunus, fyra timmar. Avståndet till α Centauri uppgår till 4,3 ljusår, d. v. s. det är omkring tiotusen gånger så stort som avståndet från solen till Neptunus. I närheten av α Centauri upptäcktes f. ö. en mycket ljussvag stjärna, vilken torde vara oss ännu något närmare än α Centauri, och som därför kallades Proxima Centauri. Dess avstånd torde uppgå till 4,2 ljusår. Sirius, den fixstjärna, som på himlavalvet för oss lyser klarast, är såsom man funnit 9 ljusår avlägsen, Vega i Lyran omkring 30 ljusår o. s. v.

Den trigonometriska metoden för avståndsbestämning är emellertid blott användbar, om stjärnan icke ligger längre bort än omkring 200 ljusår. Är avståndet större, så kan den skenbara, årliga rörelsen icke mätas, och en bestämning av avståndet är därför möjlig endast med tillhjälp av andra metoder, för vilka längre fram skall redogöras.

Hitintills känner astronomin omkring tjugu stjärnor, vilka

icke äro längre avlägsna från solen än 16 ljusår.[4] Bland dessa tjugu stjärnor äro utom de redan nämnda stjärnorna Sirius och α Centauri ytterligare två mycket ljusstarka stjärnor, nämligen Procyon i Lilla hunden och Altair i Örnen.

Att fixstjärnorna uppvisa s. k. *egenrörelse*, och att de även under tidernas lopp ändra sin plats på himlen, upptäcktes först i början av 1700-talet av *Halley*, då han jämförde lägesuppgifterna för några stjärnor i en av den tidens stjärnkataloger med de nästan två tusen år äldre uppgifter, vilka återfinnas i *Hipparchos'* stjärnkatalog.

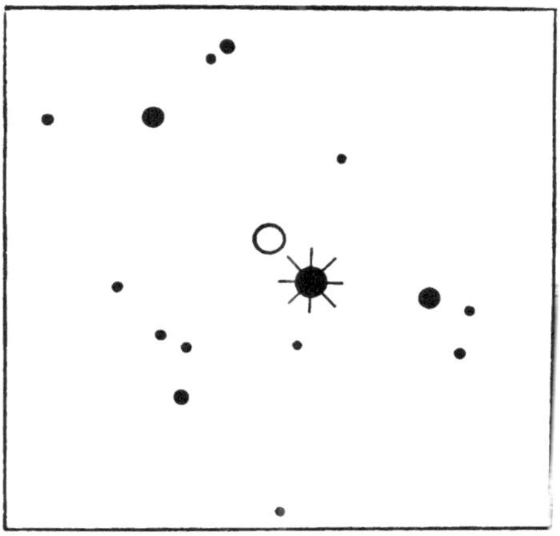

Fig. 10. Stjärnan Arkturus' ställning på himlavalvet för 4 000 år sedan (återgiven med en cirkel) och nu.

Från senare hälften av 1700-talet har man sedan hos många fixstjärnor kunnat påvisa förändringar av deras plats på himlavalvet. Med lika verklig hastighet hos stjärnorna måste dessa lägesförändringar naturligtvis förefalla oss desto större, ju närmare stjärnan är oss. Alldeles särskilt stor är den skenbara vandringen hos stjärnan *Arkturus*; icke desto mindre behöver denna stjärna nära tvåtusen år för att förändra sitt skenbara läge blott en grad. (I fig. 10 angives Arkturus' ställning för 4 000 år sedan genom en cirkel.) Det utseende, som stjärnbilderna erbjuda i vår tid, kan därför i allmänhet knappast ha förändrat sig sedan forntiden.

Är en fixstjärnas avstånd bekant, så kan man av hastigheten, varmed den skenbart förflyttas, naturligtvis beräkna dess *faktiska hastighet vinkelrätt mot synlinjen*. Arkturus har sålunda den mycket stora hastigheten av 144 km i sekunden; det är ungefär fem gånger den hastighet, varmed jorden kretsar omkring solen. För de flesta andra stjärnor har man emellertid för denna hastighet kommit till lägre värden, mestadels mellan 5 och 30 km i sekunden.

Under det att alltså rörelsen vinkelrätt mot synriktningen blott kan utrönas vid bekant avstånd och iakttagbar, skenbar lägesförändring, förmår astronomin nu för tiden utan svårighet bestämma stjärnornas hastighet i synlinjens riktning, den s. k *radialhastigheten;* härför är det tillräckligt att undersöka ifrågavarande stjärnas *spektrum.* Bestämmandet av radialhastigheten grundar sig på den s. k. *Dopplerska principen.* År 1842 hade fysikern *Doppler* uppställt den viktiga principen, att färgen hos en ljuskälla måste förefalla oss olika, om ljuskällan närmar sig oss eller avlägsnar sig från oss. Om vi nämligen tänka på den ordning, i vilken regnbågens färger följa på varandra, måste resultatet av ett närmande av ljuskällan bli en färgförskjutning mot violett, vid ett avlägsnande däremot av ljuskällan en förskjutning mot rött.

Såsom astronomerna sedermera funno, yttrar sig nu denna färgförändring hos stjärnorna i en *förskjutning av deras spektrallinjer.*[5] Förskjutningens riktning låter oss veta, om stjärnan närmar sig eller avlägsnar sig, under det att förskjutningens storlek möjliggör ett bestämmande av radialhastigheten. Vill man beräkna en stjärnas hastighet inom stjärnsystemet, så måste emellertid ur mätningsresultaten borteliminerras det inflytande, som är resultatet å ena sidan av jordens rörelse omkring solen och å andra sidan av solens egen rörelse; den senare kan erhållas genom statistiska undersökningar. För stjärnornas radialhastigheter erhållas på så sätt värden av samma storleksordning som för hastigheten vinkelrätt mot synriktningen.

För den hastighet, med vilken *solen* rör sig inom stjärnsystemet, har beräknats ett värde av omkring 20 km i sekunden. Detta är visserligen tusen gånger så mycket som hastigheten hos ett snälltåg, men att solens rörelse trots detta egentligen är rätt långsam, kan man sluta därav, att den med samma hastighet icke skulle kunna tillryggalägga avståndet till sin närmaste fixstjärna på mindre än omkring 60 000 år. Den riktning, i vilken solen rör sig, pekar mot stjärnbilden Lyran.[6]

Av särskild betydelse för astronomin äro rörelserna hos de s. k. *dubbelstjärnorna.* Redan på 1700-talet hade det väckt astronomernas uppmärksamhet, att grupperingar av två och två stjärnor mycket oftare kunde iakttagas, än man enligt alla sannolikhetskalkyler skulle kunna vänta. Det föreföll alltså berättigat att förmoda, att det i flertalet av dessa fall icke blott är fråga om ett skenbart grannskap endast i synriktningen utan om ett verkligt sådant i rymden, om ett fysiskt samband. I början av 1800-talet kunde i själva verket *Herschel* påvisa, att hos de flesta då bekanta dubbelstjärnor de båda komponenterna visa förändringar beträffande läge, vilka på grund av den skenbara banans buktighet blott kunde tolkas som en ömsesidig *gravitation* mellan de båda komponenterna.

I de särskilt intressanta fall, då en ljusare stjärna har en mörk eller ljussvag följeslagare, ger sig systemets rörelse till känna genom en periodiskt återkommande *bortskymning* av den ljusare stjärnan, vilken stundom, såsom varande en periodisk förändring av den skenbara ljusstyrkan, kan noga följas och mätas. Detta är t. ex. fallet med den märkliga dubbelstjärnan *Algol* i Perseus. (Se fig. 11, där den ljusa stjärnan angives genom en vit, den mörka genom en svart skiva.)

Fig. 11. Ljusstyrkans variation hos Algol.

Många stjärnor slutligen har man funnit vara dubbelstjärnor på grund av deras spektrum, även om det icke varit möjligt att se de båda stjärnorna var för sig eller fotografera dem. Dessa stjärnpar av särskilt nära varandra belägna stjärnor betecknar man såsom *spektroskopiska dubbelstjärnor* i motsats till de s. k. *visuella*, vid vilka de båda komponenterna kunna iakttagas var för sig.[7] De spektroskopiska dubbelstjärnorna har man kunnat upptäcka tack vare Dopplers princip. Om nämligen de båda komponenterna röra sig periodiskt kring sin gemensamma tyngdpunkt, måste det naturligtvis inträffa, att den ena stjärnan rör sig i riktning mot oss, den andra från oss. Iakttaga vi nu en bestämd spektrallinje, så måste den därför för den ena stjärnan visa en förskjutning mot violett, för den andra en förskjutning mot rött. Men då nu ett gemensamt spektrum för båda stjärnorna kan iakttagas, så måste detta visa en *fördubbling av linjen*, varvid fördubblingens bredd naturligtvis måste periodiskt ändras. (Fig. 12 visar linjefördubblingen i spektrum för dubbelstjärnan β Aurigæ.)

Fig. 12. Linjefördubbling i spektrum för β Aurigæ.

En dubbelstjärnas *omloppstid* låter sig därför relativt lätt beräkna. För de visuella dubbelstjärnorna har man funnit omloppstider från fem år till några århundraden. Även för de spektroskopiska dubbelstjärnorna uppgår omloppstiden ofta till årtionden eller år, men mången gång också endast till dagar eller timmar.

Om en visuell dubbelstjärnas avstånd från oss är bekant, så kan naturligtvis på grund av de båda komponenternas skenbara avstånd på himlavalvet även deras verkliga avstånd beräknas. Så t. ex. har man vid α Centauri, vilken visat sig vara dubbelstjärna, funnit ett avstånd mellan de båda komponenterna av omkring tjugu gånger jordbanans radie, vilket motsvarar ungefär två tredjedelar av avståndet mellan solen och Neptunus.

Hos de spektroskopiska dubbelstjärnorna måste — om dessa icke äro oss alltför avlägsna — det verkliga avståndet mellan de båda komponenterna naturligtvis ofta vara ännu mycket mindre. Genom en ny metod, för vilken här ej skall redogöras, har man t. ex. för kort tid sedan för den spektroskopiska dubbelstjärnan *Kapella* i Kusken funnit ett avstånd mellan komponenterna, som är mindre än jordens avstånd från solen.

I de fall, då man kunnat beräkna en dubbelstjärnas bana, kunde man även medelst gravitationslagen beräkna de båda stjärnornas *massa*. Man fann t. ex. hos Sirius, vilken även visat sig vara dubbelstjärna, för den ljusare stjärnan en massa av 2 1/2 gånger solens, för den svagare ungefär samma massa som solens. Hos Kapella äro de båda massorna resp. 4,6 och 3,6 gånger så stora som solens (med den förut angivna ringa distansen och en omloppstid av ett fjärdedels år). Det är nu emellertid mycket betydelsefullt, att bland dubbelstjärnorna ingen upptäckts, vars hela massa är mindre än tre tiondelar av solens, och heller ingen, vars massa är mer än femtio gånger solens. Den minsta hittills bekanta massa, som påträffats utanför vårt solsystem, uppgår till en sjundedel av solens massa.

För de dubbelstjärnor, hos vilka en periodisk förmörkelse av den ena stjärnan inträffar såsom hos Algol, kunde man — då avståndet från vårt solsystem är bekant — även beräkna komponenternas *diameter* och, då massan är känd, även de båda stjärnornas täthet. Man fann t. ex. för Algols båda komponenter ungefär tiondelen av solens täthet eller, vilket är detsamma, ungefär en sjundedel av vattnets täthet.

Dubbelstjärnor tyckas icke vara sällsynta. Av ett mycket stort antal stjärnor, vilka undersökts beträffande sin dubbelnatur, har cirka en sjundedel visat sig vara spektroskopiska dubbelstjärnor. Då vi måste antaga, att många stjärnor äro dubbla, utan att vi hittills lyckats utröna det, så är det ingalunda uteslutet, att enkla stjärnor, såsom t. ex. vår sol, måhända äro sällsyntare än dubbelstjärnor. Astronomin känner för övrigt även talrika tredubbla stjärnor — så t. ex. Polstjärnan — även fyrdubbla och t. o. m. femdubbla.

För cirka hundra fixstjärnor har man nu, som förut nämnts,

på trigonometrisk väg kunnat beräkna avståndet, och för dessa stjärnor ha astronomerna även kunnat jämföra de *absoluta ljusstyrkorna.* Vad den omedelbara iakttagelsen visar oss och vad som även genom särskilda instrument tämligen noga kan mätas är blott stjärnornas skenbara ljusstyrka, och denna beror utom av den absoluta ljusstyrkan även av *avståndet.* Ty det är ju bekant, att en ljuskällas skenbara ljusstyrka avtar i omvänt förhållande till kvadraten på avståndet; ökas avståndet till det dubbla eller tredubbla, blir ljusstyrkan blott fjärdedelen eller niondelen av den ursprungliga skenbara ljusstyrkan.

Äro nu den skenbara ljusstyrkan och avståndet kända, så är därmed även den absoluta ljusstyrkan given; och av särskilt intresse är naturligtvis frågan, hur *vår sols absoluta ljusstyrka* förhåller sig till andra stjärnors ljusstyrka. Av de nyss nämnda tjugu stjärnor, som på ett avstånd av mindre än 16 ljusår bilda vår egen sols stjärnsystem, överträffa emellertid blott fyra solen i absolut ljusstyrka; dessa äro den trettio gånger så ljusa Sirius, den åtta gånger så ljusa Altair, den sju gånger så ljusa Procyon och den omkring en och en halv gång så ljusa stjärnan α Centauri. De övriga sexton stjärnorna närmast solen ha en mindre absolut ljusstyrka än denna. Den minsta ljusstyrkan torde finnas hos den redan nämnda Proxima Centauri, den allra närmaste fixstjärnan; dess absoluta ljusstyrka är omkring 15 000 gånger mindre än solens.

Betrakta vi den av astronomerna bäst utforskade delen av världsrymden, solens närmaste omgivning, så måste vi förvisso räkna solen till de ljusare stjärnorna. Att emellertid dess absoluta ljusstyrka är mycket ringa i jämförelse med de ljusaste stjärnornas, inse vi, om vi betrakta de fixstjärnor, vilka uppvisa den största *skenbara* ljusstyrkan, och som man — enligt gammal tradition — men numera icke med full rätt benämner *stjärnor av första storleken.*

Dessa stjärnor — man brukar räkna tjuguen sådana — överträffa samtliga solen i absolut ljusstyrka. Den minsta ljusstyrkan bland dem har stjärnan α Centauri, vars absoluta ljusstyrka som nämnts är en och en halv gång så stor som solens. För Vega t. ex. har man funnit den absoluta ljusstyrkan vara omkring hundra gånger så stor som solens. Ja, bland de nämnda stjärnorna av första storleken är det fem, vilkas avstånd man ej kunnat erhålla medelst den trigonometriska metoden, varför man måste uppskatta deras avstånd till åtminstone 200, om ej ända till 300 ljusår; därav följer att dessa stjärnor måste ha en absolut ljusstyrka, som är några tusen, ja, många av dem t. o. m. tiotusen gånger starkare än solens. Till dessa oerhört ljusstarka stjärnor höra de bekanta stjärnorna Rigel i Orion, Spica i Jungfrun, Deneb i Svanen, vidare stjärnan β i Södra korset samt framför allt den stjärna,

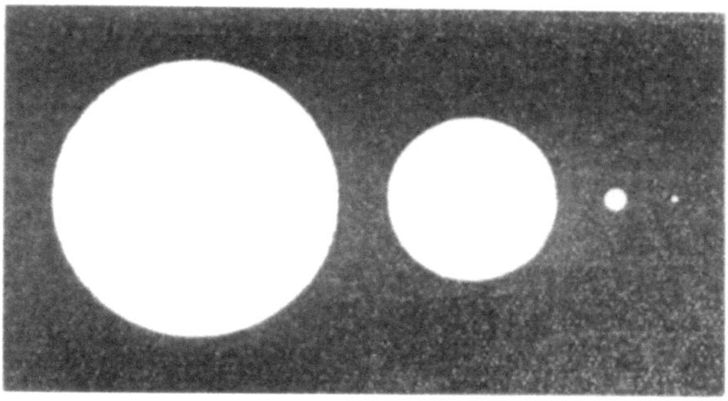

Fig. 13. Stjärnorna Beteigeuze', Antares' och Arkturus' diametrar i förhållande till solens.

vilken näst Sirius visar den största skenbara ljusstyrkan, men som icke är synlig i Europa, Kanopus i Skeppet Argo.[8]

Att dessa kolossala olikheter i ljusstyrka även motsvaras av mycket stora skillnader i stjärnornas dimensioner framgår omedelbart av de nyaste bestämningarna av *stjärndiametrar*.[9] Dessa bestämningar grunda sig på en metod (vilken här ej skall närmare beröras) av den amerikanske fysikern Michelson, som begagnar sig av de *interferensfenomen*, som uppstå av de ljusstrålar, vilka komma från ifrågavarande stjärna.[10] Enligt denna metod kunde man år 1920 på Mount-Wilson-observatoriet i Kalifornien beräkna den skenbara diametern för tre fixstjärnor, nämligen Beteigeuze, Antares och Arkturus. Då dessa stjärnors avstånd äro kända, kunde därmed även de verkliga diametrarna beräknas. Det visade sig, att Arkturus' diameter var omkring tjugu gånger så stor som solens, Antares' omkring 150 gånger och Beteigeuzes' omkring 300 gånger så stor som solens (jfr fig. 13).

Jättestjärnan *Beteigeuze* har sålunda så stor volym, att vårt solsystem nästan ända till Mars' bana skulle kunna inrymmas i stjärnan. Beteigeuzes' volym är omkring 30 millioner gånger så stor som solens. Men då å andra sidan, enligt vad som förut sagts, man icke kan tänka sig en väsentlig skillnad i massa, så måste Beteigeuze ha en oerhört *ringa täthet*. Medeltätheten hos de gaser, som bilda denna jättestjärna, måste ungefär motsvara luftens täthet i det största vakuum, som vi kunna åstadkomma på våra laboratorier.

De stora skillnader, som stjärnorna visa i sin absoluta ljusstyrka, stå nu å andra sidan i intimt samband med en annan viktig egenskap hos stjärnorna, nämligen med deras *färg* eller, riktigare uttryckt, med deras *spektraltyp*. Olikheten i stjärnornas färg väcker genast uppmärksamhet hos den, som betraktar dem med blotta ögat. Vega visar sig blåaktigt vit, Kapella gul, Beteigeuze röd. Vad nu ögat uppfattar som olikhet i färg, visar sig för den exakta astronomiska forskningen som olikhet i spektraltyp. Hos de s. k. vita stjärnorna uppträda så t. ex. blott linjerna av gasen *helium* eller dessa tillsammans med *vätelinjer*; för de gula stjärnorna tillkomma vidare linjer av *metaller*, hos de röda stjärnorna uppträda vissa anhopningar av linjer och s. k. band, vilka äro karakteristiska för *föreningar* av metaller. (De angivna fyra spektraltyperna framgå av fig. 14.)

Efter spektraltyperna, vilka låta ordna sig i kontinuerlig följd, indelar man numera stjärnorna i talrika *klasser* och dessa åter i underavdelningar, så att en stjärnas typ tämligen skarpt kan bestämmas och tydligt betecknas efter dess spektrum.[11] För detta skall dock icke här närmare redogöras, och för det följande må den grova skillnaden mellan *vita*, *gula* och *röda stjärnor* vara tillräcklig; vad beträffar de vita stjärnorna må dock skiljas mellan de s. k. *heliumstjärnorna*, vilka blott visa heliums linjer, och de s. k. *vätestjärnorna*, vilka dessutom visa vätets linjer. (Helt naturligt får man dock ej göra det misstaget att tro, att de förra stjärnorna övervägande bestå av helium, de senare övervägande av väte, och att hos de gula stjärnorna ytterligare tillkomma metaller, som saknas hos de vita. Den *kemiska sammansättningen* är uppenbarligen hos alla stjärnor väsentligen *lika;* det beror dock av stjärnans temperatur och täthet, om och i vilken styrka och med vilken tydlighet de olika grundämnenas spektrallinjer verkligen fram-

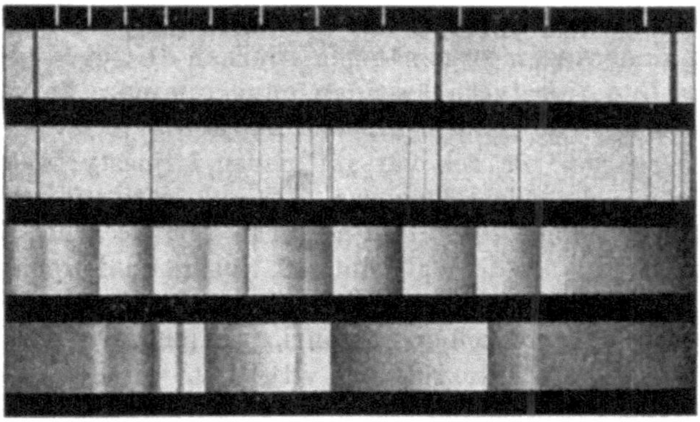

Fig. 14. Stjärnspektra.

träda i de små områden av hela spektrum, som kan undersökas.[12])

Då det nu är bekant, hur intensitetsfördelningen i ett spektrum beror av temperaturen[13], så kan man även för stjärnorna angiva den *temperatur*, som deras lysande ytor måste ha. Denna yttemperatur är lägst för de röda stjärnorna, omkring 3 500°; den är högre för de gula stjärnorna, mellan 4 000° och 9 000°, och högst för de vita stjärnorna. För vätestjärnorna uppgår den till omkring 9 000° à 12 000°, för *heliumstjärnorna*, vilka äro de varmaste, till mellan 12 000° och 20 000°.

Mycket betydelsefulla resultat uppnåddes nu av astronomin, när den närmare undersökte sambandet mellan spektraltyp och absolut ljusstyrka. Det visade sig nämligen, att man såväl bland de röda som bland de gula stjärnorna kunde särskilja två helt olika grupper av stjärnor, sådana med mycket stor ljusstyrka och sådana med jämförelsevis ringa. Dessa båda slag av stjärnor betecknas numera allmänt som *»jättar»* och *»dvärgar»*.

Skarpast framträder motsatsen mellan de båda grupperna hos *de röda stjärnorna*. De röda stjärnorna äro antingen jättestjärnor med en ljusstyrka hundra till tiotusen gånger starkare än solens eller ock komma de såsom dvärgstjärnor långt efter solens. Exempel på röda jättestjärnor äro de redan nämnda stjärnorna Beteigeuze och Antares. Exempel på en röd dvärgstjärna är den även förut nämnda stjärnan 61 Cygni i Svanen; dess absoluta ljusstyrka är tjugu gånger mindre än solens.

Även bland de *gula* stjärnorna skilja sig jättarna tydligt från dvärgarna, om ock här skillnaden i ljusstyrka ej är så stor som för de röda stjärnorna. De gula jättestjärnorna äro av ungefär samma absoluta ljusstyrka som de röda; de gula dvärgstjärnorna äro dock absolut sett ljusare än de röda. Exempel på en gul jättestjärna är Kapella, exempel på gula dvärgstjärnor äro vår sol och α Centauri. Ju längre vi gå i spektraltypernas skala från rött till vitt, desto mindre blir skillnaden i ljusstyrka mellan jättar och dvärgar, och för de vita stjärnorna bortfaller denna skillnad.

Motsatsen mellan de båda grupperna av jätte- och dvärgstjärnor har nu fått en mycket intressant förklaring genom en teori, som uppställdes år 1914 av *Russel*. Denna numera så gott som allmänt erkända teori rör *stjärnornas utveckling*.[14] Russel skiljer i en stjärnas utveckling på *tillväxt* och *avtagande*. *Tillväxten* skall stjärnan såsom *jätte* genomlöpa i ordningsföljden röd—gul—vit, *avtagandet* såsom *dvärgstjärna* i den motsatta ordningsföljden vit—gul—röd.

I en röd jättestjärnas begynnelsestadium äger den alltså vid ännu icke särdeles hög temperatur en oerhörd utsträckning men en mycket ringa täthet. Med nödvändighet måste nu stjärnan ständigt *sammandraga* sig, varvid genom kontraktionen alltjämt *värme alstras*. Den värmemängd, som härigenom och av andra orsaker uppstår, är till att börja med större än den *värmeförlust*, som är en följd av stjärnans ständiga *utstrålning*. Temperaturen stiger alltså, så att den ursprungligen röda stjärnans ljus så småningom övergår till ett gult och slutligen vitt sken. Men sedan uppnås uppenbarligen ett kritiskt stadium, varvid den värmemängd, som går förlorad genom utstrålningen, icke mer kan fullkomligt ersättas. Till följd därav avtar temperaturen vid fortskridande kontraktion mer och mer. Stjärnan sammandrar sig till en tät, gul dvärgstjärna och vidare till en ännu tätare röd dvärgstjärna, och slutligen blir den därifrån utgående strålningen ultraröd eller »mörk». Har en stjärna uppnått detta stadium, kan den icke längre av oss iakttagas.[15] Vår *sol* befinner sig såsom dvärgstjärna i varje fall redan i det *avtagande utvecklingsskedet*.

En mycket betydelsefull komplettering rönte Russels idéer genom en teori, som uppställdes år 1916 av *Eddington* rörande stjärnornas inre jämvikt. Den moderna astronomin tänker sig helt naturligt stjärnorna såsom oerhörda *lysande gasklot*, vilka sammanhållas av sin egen gravitation, och i vilka såväl ständig *värmealstring* som ständig *energiutstrålning* äger rum. De lagar, vilka fysiken kan härleda för gasklot, kunde därför astronomin söka tillämpa på stjärnorna. Men dessa försök förde först då till användbara resultat, när Eddington införde en ny faktor i teorin, vars betydelse man dittills förbisett, nämligen det s. k. *strålningstrycket*.

Den nyare fysiken har visat, att med varje strålning av elektromagnetisk energi måste ett tryck vara förenat. Solstrålarnas tryck är emellertid så ringa, att det kan påvisas endast på empirisk väg genom de finaste experimentella metoder.[16] Men med den oerhörda strålning, som kommer från det inre av en stjärna ut mot dess yta, kan, som Eddington fann, strålningstrycket uppnå en så oerhörd storlek, att det kan bli av samma storleksordning som den likaledes mycket stora gravitationen.

Genom en rent teoretisk spekulation fördes nu Eddington till ett mycket betydelsefullt resultat. Eddington beräknade för *gasklot*, vilkas täthet han antog lika stor som jättestjärnornas, *förhållandet mellan strålningstryck och gravitation såsom funktion av gasklotets massa*. Det visade sig, att detta förhållande växer med massan för att slutligen bliva lika med ett, men att vid en massa på gram eller kilogram eller på millioner, billioner, trillioner eller t. o. m. kvadrillioner kilogram strålningstrycket alls icke spelar någon roll vid jämförelse med gravitationen. Först när gasklotets massa motsvarar ungefär en *kvintillion kilogram*, blir *strålningstrycket lika med en tiondel av gravitationen*. När massan är ungefär hundra gånger så stor som den sist angivna, d. v. s. uppgående till 100 kvintillioner kilogram, blir strålningstrycket emellertid lika med fyra femtedelar av gravitationen. Ett sådant gasklot kan tydligen icke längre vara synnerligen *stabilt*, då ju strålningstrycket är riktat inifrån och utåt och alltså motverkar gravitationen. Om dessutom en centrifugalkraft skulle tillkomma, kan gasklotet lätt sprängas sönder.

Av Eddingtons teori följer alltså, att en ungefärlig jämvikt mellan strålningstryck och gravitation vid tillräcklig stabilitet blott förefinnes, om massan hos gasklotet med den ringa tätheten ligger mellan ungefär en och hundra kvintillioner kilogram. Nu uppgår emellertid solens massa till två kvintillioner kilogram, så att alltså det nämnda *intervallet* sträcker sig från ungefär hälften av *solens massa* till femtio gånger densamma. Den tidigare omtalade *ungefärliga likheten* mellan *stjärnornas massor* finner alltså genom Eddingtons teori en plausibel förklaring.

Eddingtons teori ledde även till ännu ett viktigt resultat. Enligt densamma beror den *högsta temperatur*, som en stjärna under loppet av sin utveckling uppnår, på dess *massa*. Ju större massan är, desto hetare blir stjärnan på höjdpunkten av sin utveckling. För att uppnå samma temperatur som en heliumstjärna måste en stjärna enligt Eddingtons teori ha en massa, som är omkring sju gånger så stor som solens. Stjärnor med samma massa som solens uppnå blott vätestjärnornas stadium. Om en stjärnas massa är mindre än omkring en tiondel av solens, kan den över huvud taget icke uppnå den temperatur av 3 000°, vilken är nödvändig, för att den skall bli synlig. Därigenom är en *undre gräns* given för en *synlig* stjärnas massa, under det att en *övre gräns* för en stjärnas massa över huvud taget blott bestämmes av det med massan växande strålningstrycket, som ju skulle spränga sönder en stjärna av alltför stor massa.

Ju mindre en stjärnas massa är, desto kortare är enligt Eddington dess livslängd, eller m. a. o. på desto kortare tid fullbordas hela dess utveckling. Om en *fixstjärnas ungefärliga livslängd* kunna vi emellertid på grund av våra erfarenheter om solsystemet bilda oss en någorlunda tillförlitlig föreställning och detta på grund av två satser i den moderna fysiken, vilka berörts i föregående föredrag.

En *övre gräns för solens ålder* får man tack vare den från relativitetsteorin kända satsen om *energiens tröghet*, enligt vilken varje energiförlust hos en kropp motsvaras av en förlust i massa. Nu kan man emellertid lätt mäta den värmemängd, som solen på en viss tid utstrålar till varje kvadratcentimeter av jordytan,[17] och lägger man det kända avståndet mellan jorden och solen till grund, kan man alltså beräkna, att solen varje sekund *utstrålar* en *värmemängd*, som skulle kunna upphetta en trillion ton vatten från 0° till kokpunkten.[18]

Av satsen om energins tröghet följer nu, att *solens massa för varje sekund måste minskas med omkring fyra millioner ton.*[19] På tio år skulle detta betyda en minskning av massan med omkring en billiondel. Emellertid torde under gångna tider solens massa knappt ha varit väsentligt större än för närvarande (vilket ju följer av den nämnda ungefärliga likheten mellan alla stjärnmassor); och även solens strålning var väl förr snarare intensivare än numera, i varje fall dock icke väsentligt svagare. Äldre än tio billioner år skulle solen därför knappast kunna vara. I själva verket kunna vi sätta den övre gränsen ännu mycket lägre, emedan uppenbarligen blott en liten bråkdel av solmassan är sådan, att den kan vara ekvivalent med den energi, som utstrålar. Vi skola måhända icke taga alltför mycket fel, om vi med Nernst[20] sätta den övre gränsen för solens ålder till hundra milliarder år.

Men å andra sidan kan solens ålder icke vara lägre än *jordens*, för vilken vi åter kunna bestämma en *undre gräns* med hjälp av de *radioaktiva företeelserna*. Som tidigare berörts förvandlas allt *uran* så småningom till en stabil *blyisotop*, vilken *beträffande atomvikten skiljer sig* från »vanligt» bly. I själva verket *finns bly inneslutet i alla uranmineral*, och av en atomviktsbestämning hos detta bly framgår utan vidare, hur mycket därav som är uranbly, uppkommet ur uran, och hur mycket som är vanligt bly, vilket från början »förorenade» uranmineralet.[21] För uranmineralens halt på uranbly giva analyserna värden på mellan 4 och 21 proc.

Av urans kända halveringstid (se femte föredraget) följer nu, att av en given mängd uran sönderfaller en procent på omkring 80 millioner år.[22] Då bly själv är den inaktiva slutprodukten av urans omvandlingsprocess, skulle det följaktligen i ett åttio millioner år gammalt uranmineral finnas 1 proc. uranbly. Således kan man beräkna *uranmineralens ålder* till mellan 300 millioner och 1 500 millioner år och därmed även *åldern för de geologiska bildningar*, i vilka de ha påträffats.

Åtminstone 1 1/2 milliard år torde därför ha förflutit, sedan en fast skorpa bildades på jorden. Men då solen i varje fall är väsentligt äldre än den fasta jordskorpan, så torde vi med hänsyn tagen till den förr angivna övre gränsen i likhet med Nernst kunna sätta *solens ålder* till omkring *tio milliarder år;* alltså torde även en fixstjärnas genomsnittliga livslängd kunna beräknas till mellan tio och hundra milliarder år.

Genom de nyaste stjärnforskningarna ha sålunda förbindelserna mellan astronomin och fysiken blivit allt intimare. Emellertid är det icke blott astronomin, som har fysiken att tacka för allt mera fullkomnade forskningsmetoder; tvärtom erkänner fysiken alltmer betydelsen för dess egna undersökningar av det omätligt rika material av fakta, som de astronomiska iakttagelserna skapat. Allt kosmiskt skeende beror nämligen på samma lagar som allt jordiskt experimenterande. Många företeelser, vilka emellertid ej skulle kunna framkallas genom av människor anställda experiment, bli i överväldigande storhet och upphöjdhet oss uppenbarade genom stjärnevärlden.

ÅTTONDE FÖREDRAGET.

Världsalltet.

De stora framsteg, vilka *astrofysiken* gjort sedan början av 1900-talet, ha även i fråga om *universums byggnad* möjliggjort nya resultat och därigenom lett till en storartad utvidgning av den astronomiska världsbilden.

Den nödvändiga förutsättningen för alla exakta forskningar över världsalltets byggnad är möjligheten av tillförlitliga *avståndsbestämningar*. Den i det senaste föredraget omnämnda *trigonometriska* metoden slår fel redan vid avstånd på cirka 200 ljusår, och ända till omkring år 1914 kunde därför större avstånd utrönas blott på grund av statistiska beräkningar och också då endast mycket approximativt. Sedan dess har emellertid astronomin riktats med nya metoder för avståndsbestämning, vilka numera tillåta oss att tämligen noggrant bestämma distanserna till även mer avlägsna himlakroppar.

Till dessa metoder hör framför allt den s. k. *spektroskopiska avståndsbestämningen*. Den grundar sig på en upptäckt, som gjordes av astronomerna kort tid efter det man utrönt skillnaden mellan jättestjärnor och dvärgstjärnor. Redan då väckte det uppmärksamhet, att för de gula dvärgarna en bestämd kalciumlinje är särskilt ljusstark, under det att den för de gula jättarna är helt svag, och att tvärtom hos de gula jättarna en bestämd strontiumlinje framträder genom sin ljusstyrka, men icke äger någon särskild intensitet i spektra för gula dvärgar.

Adams och *Kohlschütter* hava sedan beträffande alla stjärnor, vilkas avstånd var trigonometriskt bestämt och därmed den absoluta ljusstyrkan bekant, gjort en systematisk undersökning av sambandet vid given spektraltyp mellan enskilda spektrallinjers intensitet och den absoluta ljusstyrkan. Orsaken till detta samband är, att spektrallinjernas intensitet utom av temperaturen även beror av stjärnans täthet, under det att å andra sidan vid given temperatur den absoluta ljusstyrkan beror av ytan; ytan åter är vid given massa funktion av tätheten.

Sedan nu Adams och Kohlschütter utrönt sambandet mellan ljusintensitet och absolut ljusstyrka för de olika spektraltyperna, har astronomin fått en ny metod, som möjliggör att av linjernas intensitet bestämma den absoluta ljusstyrkan; är emellertid denna väl känd, så är därmed även avståndet bekant, emedan ju den skenbara ljusstyrkan utan vidare kan bestämmas genom iakttagelser. Den nya metoden, vilken Adams och Kohlschütter utarbetat, har alltså gjort det möjligt att *i en stjärnas spektrum avläsa dess avstånd.*

En annan ny metod för astronomisk avståndsbestämning begagnar sig av egenskaperna hos en märklig grupp av stjärnor, vilka inom några dagar eller timmar *periodiskt ändra* sin *ljusstyrka.* Dessa stjärnor kallas *Cepheider*, emedan den äldsta kända stjärna av denna typ var stjärnan Delta Cephei.[1]

Särskilt talrika äro dessa Cepheider i två täta stjärnsamlingar på södra himlavalvet, vilka man kallar stora och lilla *Maghellanska molnet* (det senare även Kapmolnet). Hos Cepheiderna i lilla Maghellanska molnet har nu miss *Leavitt* upptäckt ett enkelt lagbundet *samband mellan ljusperiodens storlek och den skenbara ljusstyrkan.* Då man väl kan antaga, att i förhållande till molnets avstånd från oss det icke spelar någon roll, vilka avstånd stjärnorna i molnet ha sinsemellan, så gäller även samma lag (den s. k. *Leavitts lag*) för sambandet mellan periodens längd och den *absoluta* ljusstyrkan. Enligt Leavitts lag växer den absoluta ljusstyrkan lineärt med logaritmen för perioden.[2]

Om alltså avståndet och därmed den absoluta ljusstyrkan är känt blott för en enda cepheid, så kan man enligt Leavitts lag för varje värde på perioden angiva den däremot svarande absoluta ljusstyrkan. För några cepheider kunde nu avståndet faktiskt bestämmas, och därmed hade man möjlighet att på grund av den nämnda lagen för *alla* cepheider ange deras absoluta ljusstyrka och därmed även avståndet. (För övrigt följer av Leavitts lag, att den absoluta ljusstyrkan måste vara ungefär densamma för alla cepheider, vilkas period uppgår till omkring en halv dag eller mindre.)

Genom de nya metoderna för avståndsbestämning har den astronomiska världsbilden undergått en oanad utvidgning. Redan den spektroskopiska metoden möjliggjorde för forskarna att uppmäta avstånd, vilka gå vida utöver de gränser, som kunde uppnås av den trigonometriska metoden. Under det att denna som sagt blott kan användas för avstånd upp till 200 ljusår, kunna genom den *spektroskopiska* metoden avstånden beräknas för strängt taget alla stjärnor, som vi äro i stånd att se *var för sig* och som gemensamt utgöra vår sols eget *stjärnsystem*. De största avstånd, vilka förmedelst den spektroskopiska metoden bestämts för enskilda stjärnor, uppgå till omkring 3 000 ljusår.

Antalet stjärnor i vårt eget stjärnsystem låter uppskatta sig endast approximativt. Med blotta ögat kan man urskilja sammanlagt 5 à 6 000 stjärnor,[3] samtidigt alltså högst 2 000, betydligt mindre sålunda än en icke fackman skulle vara böjd för att tro. I de stora moderna stjärntuberna kan man se omkring 30 millioner stjärnor, under det att sammanlagda antalet, vilka förmedelst nutidens stora instrument kunna *fotograferas*, uppskattas till c:a *en milliard*.

Att emellertid alla dessa stjärnor blott utgöra en helt liten bråkdel av hela antalet bevisas redan av en blick på Vintergatan. Redan Galilei fann, att Vintergatan sedd genom kikare upplöser sig i enskilda stjärnor; likväl har man inte ens med nutidens starkaste tuber kunnat ernå en fullständig upplösning.

Liksom i Vintergatan kan man genom kikare iakttaga oerhörda stjärnsamlingar även i de s. k. *klotformiga stjärnhoparna*. De visa sig i svaga kikare såsom vidsträckta, ljusa fläckar, under det att de i starkare tuber åtminstone delvis kunna *upplösas i enskilda stjärnor*. Fig. 15 visar stjärnhopen i Herkules. Stjärnhoparnas ljusstyrka tilltar mot mitten, så att där en upplösning i enskilda stjärnor icke vidare är möjlig. Sammanlagt känner man 86 klotformiga stjärnhopar, och sedan årtionden har man icke kunnat upptäcka nya sådana; deras antal kan alltså icke vara vidare stort.

Fig. 15. Stjärnhopen i Herkules.

Alltsedan 1916 ha den amerikanske astronomen *Shapleys* forskningar på Mount-Wilsonobservatoriet i Kalifornien angående de klotformiga stjärnhoparna medfört fullkomligt nya resultat, som äro revolutionerande för den astronomiska världsbilden. Shapley upptäckte cepheider i några klotformiga stjärnhopar och kunde därigenom, medelst den förut nämnda metoden, bestämma dessa hopars avstånd. För sådana åter, i vilka cepheider icke kunde iakttagas, lyckades Shapley bestämma avståndet genom att summera ljusstyrkan hos de starkaste stjärnorna till ett medelvärde, som han jämförde för de olika hoparna. Ju mindre denna ljusstyrka är, desto avlägsnare måste givetvis stjärnhopen vara. *De avstånd*, som Shapley erhöll *för de klotformiga stjärnhoparna*, uppgå till *tiotusentals ljusår*. För den närmaste stjärnhopen (ω Centauri) fann Shapley 21 000 ljusår, för den avlägsnaste omkring 200 000 ljusår.

För några klotformiga stjärnhopar har det även varit möjligt att uppnå några resultat angående deras *inre byggnad*. Särskilt ingående har den stjärnhop blivit undersökt, vilken i *Messiers katalog* över stjärnhopar har nummer 3, och vilken enligt Shapleys beräkningar är oss c:a 50 000 ljusår avlägsen. Detta avstånd och den bekanta skenbara utsträckningen skulle motsvara en *diameter* av omkring 500 ljusår. Vid detta stora avstånd kunna förvisso endast de ljusaste stjärnorna påvisas var för sig; vår sol skulle på detta avstånd icke kunna upptäckas annat än med de skarpaste astronomiska hjälpmedel. Antalet stjärnor i denna hop, vilka kunna iakttagas, torde uppgå till omkring 40 000, varibland 150 cepheider.

Många bland stjärnhoparna visa sig liksom vårt eget stjärnsystem *avplattade*, och mycket märkligt är det ock, att dessa avplattade stjärnhopars *huvudplan* äro *parallella* med *Vintergatans plan*, vilket synes bevisa stjärnhoparnas samhörighet med Vintergatan. I olikhet med vårt eget stjärnsystem uppvisa stjärnhoparna en mycket stor hastighet; de flesta röra sig i riktning mot oss med en hastighet av mellan 100 och 400 km i sekunden.

Alla klotformiga stjärnhopar ligga, såsom Shapleys mätningar visat, i en rymd, som man måste tänka sig vara en *avplattad rotationsellipsoid*, där stjärnhoparna ligga tätare mot centrum än utåt. *Vintergatans plan* utgör samtidigt ett *symmetriplan* för denna rotationsellipsoid. Ellipsoidens storaxel uppgår ungefär till 300 000 ljusår, och lika stor måste vi givetvis tänka oss *Vintergatans utsträckning*. Längden av den mot storaxeln lodräta axeln är omkring 150 000 ljusår.[4]

Inom Vintergatan intar vårt eget stjärnsystem med *solen* ett *mycket excentriskt läge*. Solen torde ligga ungefär i Vintergatans plan, d. v. s. huvudplanet, men den är ungefär 60 000 ljusår avlägsen från centrum av Vintergatan och delar alltså diametern ungefär i förhållandet 1 : 3.

Utom vårt eget stjärnsystem, de klotformiga stjärnhoparna och Vintergatans avlägsna stjärnmoln känner astronomin ytter-

Fig. 16. Andromedanebulosan.

ligare en del märkliga stjärntöcken, vilkas kosmiska ställning ännu är oklar, de s. k. *spiralnebulosorna.* De visa sig för ögat eller genom svaga kikare såsom vita fläckar, under det att de i starka tuber visa en *spiralliknande struktur*, vilken alltefter spiralens *lutning* mot synlinjen blir mer eller mindre tydlig. Särskilt vackra äro *Andromedanebulosan* (Fig. 16) och *Spiralnebulosan* i Stora Björnen. (Fig. 17).[5]

Hela antalet spiralnebulosor, som kunna iakttagas i ett modernt teleskop, uppskattas till c:a *en million.* Emellertid synas spiralnebulosorna ingalunda jämnt fördelade över fixstjärnhimlen. Man saknar dem nästan alldeles i den del av himlen, som gränsar intill Vintergatan. Särskilt talrika äro de i närheten av Vintergatans nordpol, vilken icke ligger långt från den

Fig. 17. Spiralnebulosan i stjärnbilden Stora Björnen.

bekanta ljusstarka stjärnan Arkturus. Ävenså äro spiralnebulosorna talrikare på norra sidan av Vintergatans plan än på den södra. Spiralnebulosornas avstånd har enligt de senaste forskningarna befunnits vara lika stora som de klotformiga stjärnhoparnas, ja, till och med ända till hundra gånger så stora.[6]

En föreställning om de oerhörda avstånd, som den moderna astronomin rör sig med, kan man få genom följande. Redan solen är av så väldig storlek, att i de ur densamma utkastade lågorna, de s. k. protuberanserna, jorden skulle försvinna som ett sandkorn i en ljuslåga. Vi tänka oss nu en världsmodell, i vilken denna oerhörda sol vore förminskad till storleken av ett dammkorn med cirka $^1/_{10}$ mm genomskärning. I en sådan modell vore jorden — fullkomligt osynlig för blotta ögat — omkring 1 cm avlägsen från det centrala stoftkornet och den yttersta planeten, Neptunus, — osynlig med obeväpnat öga — omkring 30 cm. Den närmaste fixstjärnan, återigen av ett dammkorns storlek, komme först på ett avstånd av omkring två kilometer, de ljusa stjärnorna i Orions stjärnbild på ett avstånd av omkring 150 km; men först på ett avstånd av ungefär jordens diameter komme den närmaste klotformiga stjärnhopen. I denna världsmodell, i vilken stjärnorna hade dammkorns storlek, skulle Vintergatans diameter vara ungefär tio gånger jordens diameter.

Vår sol vore blott ett dammkorn bland många milliarder sådana, långt avlägset från centrum; och blott en relativt liten planet i detta solsystem vore sätet för människosläktet, vars så kallade »världshistoria» icke utgör någon relativt längre tidsrymd av jordens livslängd än låt oss säga en kvart i ett människoliv.

Om vi nu alltjämt förstora denna världsbild, stöta vi månne då på en *gräns* liknande den, som gives genom atomer och elektroner, då vi tänka oss den alltjämt förminskad? Atomerna äro ju ej oändligt små utan ha en ändlig storlek. Är icke också, måste vi å andra sidan fråga oss, *världsalltet ändligt stort* och ingalunda oändligt? Denna fråga har alltsedan urminnes tider i lika hög grad sysselsatt såväl filosofer som naturforskare. Ehuru väl de icke sakkunniga mestadels varit böjda för den åsikten, att det måste finnas oändligt många himlakroppar, ha redan för åtskilliga tiotal år sedan fysikerna och astronomerna kommit till den slutsatsen, att antagandet *av ett oändligt universum är oförenligt med gravitationslagen.*

Tänka vi oss nämligen rymden oändlig och överallt lika tätt fylld med stjärnor, så skulle enligt den klassiska gravitationslagen varje himlakropp *i alla riktningar* påverkas av en obestämbar kraft, och en stabil gruppering, sådan som vi ha i vårt solsystem, vore då alldeles omöjlig. Men tänker man sig å andra sidan världsalltet visserligen oändligt men med ett ändligt antal stjärnor, så skulle det återigen bli ofattbart, varför icke stjärnorna försvinna i det oändliga världsalltet. Oändligt kan alltså världsalltet icke vara, på något sätt begränsat kan man emellertid väl knappast heller tänka sig det. Dessa svårigheter lyckades Einstein år 1917 på grundval av sin *gravitationsteori* att övervinna genom det antagandet, att *världsalltet* visserligen vore *obegränsat* men likväl ägde en *ändlig volym.*

Ett sådant antagande är blott skenbart en paradox. Ty en cirkellinje har ju heller icke någon början eller något slut, men det oaktat en noga bestämd längd. Cirkellinjen är, trots att den är obegränsad, ändlig emedan den är krökt. En vandrare skall på jordytan icke heller någonstädes finna en mur eller en avgrund, som betecknar jordens slut, och dock har jordytan ett fullt bestämt, ändligt ytinnehåll. En på jordytan dragen *geodetisk linje* är såsom varande storcirkel en sluten kurva men har en fullt bestämd längd, vilken utgör jordens *omkrets* och uppgår till i runt tal 40 000 km. Genom analogislut kommer man till att cirkellinjen — en dimension — och klotytan — två dimensioner — skulle motsvaras av en s. k. *sfärisk rymd* — tre dimensioner —, vilken visserligen visar sig fullkomligt otillgänglig för mänsklig föreställningsförmåga, men som ej erbjuder några svårigheter för en abstrakt matematisk behandling i Riemanns tidigare omnämnda geometri. (Dock torde man akta sig för alla utsiktslösa försök att uppnå åskådlighet, ty dylika försök leda alltid till felaktiga förväxlingar av sfärisk rymd och sfäriskt klot.)

Genom relativitetsprincipen har nu visserligen begreppet rum förlorat sin självständiga karaktär. Men på grund av det viktiga förhållandet att *stjärnornas relativa hastigheter* äro *små* emot *ljusets hastighet*, kunna vi dock med en viss approximation klyva Minkowski-världen i rum och tid, alltså i viss mån tala om ett *rum*, och detta anser nu Einstein såsom *sfäriskt* i redan angiven mening, d. v. s. obegränsat men med begränsad volym och begränsat omfång.

Tanken att världsalltet till följd av sin krökning dock skulle kunna vara ändligt, trots att det saknar gräns, har väl visserligen uttalats redan före Einstein. Men hos Einstein är just föreställningen om en världens krökning icke godtycklig utan följer med nödvändighet av hans nya gravitationsteori, i det krökningen enligt en bestämd lag synes orsakad av den i världsalltet fördelade materien. Därigenom uppstår ett fullt bestämt samband mellan världskrökningen och världsmassan; å andra sidan måste återigen den ömsesidiga attraktionen mellan de minsta blykulor i ett jordiskt laboratorium vara beroende av hela världens volym och massa, så att dessa båda kosmologiska konstanter måste vara bestämda av attraktionens storlek. Så ledde den *kosmologiska gravitationsteorin*, vilken skapades av Einstein år 1917 såsom en utvidgning av den allmänna relativitetsteorin, för första gången till bestämda värden för världens omfång och massa.

Ur denna teori kunna nämligen uppställas två enkla ekvationer, vilka tillsammans förbinda fem storheter med varandra: två fullt bekanta, två obekanta och en, som kan uppskattas till sin storleksordning. Genom att lösa de båda ekvationerna med avseende på de båda obekanta kunde man uppskatta även dessa; de båda obekanta äro emellertid just världens volym och massa. De båda fullt bekanta storheterna äro ljusets hastighet och *gravitationskonstanten*, d. v. s. den universella konstant, som angiver den kraft, med vilken två kroppar, vardera med massan ett gram, attrahera varandra på ett avstånd av en centimeter.[7] Den storhet, som blott kunde uppskattas, är *medeltätheten hos universums massa*, d. v. s. kvoten av världsalltets hela massa och volym.

Medeltätheten hos universums massa bestämmes nu på så sätt, att man uppskattar den rymd, som upptages av de fixstjärnor, vi kunna iakttaga, samt vidare antalet av dessa stjärnor; medelvärdet på en stjärnas massa sättes därvid i runt tal lika med solens, och slutligen tar man även hänsyn till den omständigheten, att stjärnorna äro fördelade i stjärnhopar. Så kom astronomen *de Sitter* till den slutsatsen, att medeltätheten hos universum är omkring hundra kvadrillioner gånger mindre än vattnets täthet. Detta väcker ingen förvåning, om man besinnar, huru små dimensionerna hos himlakropparna äro gentemot avstånden i världsrymden.

På grund av denna de Sitters uppskattning skulle nu *världens hela utsträckning* uppgå till omkring *ett hundra millioner ljusår*. Detta kan synas väl mycket, men å andra sidan är denna kolossala sträcka blott några gånger större än det avstånd, vilket astronomerna beräknat för de längst bort från oss belägna i astronomiska kikare synliga spiralnebulosorna.

Världsmassan skulle enligt de Sitters beräkning uppgå till ungefär *en kvintillion kvadrillioner gram*. Den skulle alltså förhålla sig till jordens massa ungefär så som jordens massa till en liten stens; den i ett föregående föredrag nämnda jämförelsen kunna vi alltså ytterligare utvidga och säga så: *atomen förhåller sig till stenen liksom stenen till jorden, liksom jorden till världsalltet.*

Ännu en intressant fråga ger sig nu själv på grund av det föregående, nämligen frågan om *sammanlagda antalet atomer i universum* eller, ännu hellre, antalet *elektroner*, såsom varande materiens byggnadsstenar. Då på ett gram komma omkring en kvadrillion elektroner (en etta med 24 nollor efter), så skulle hela antalet elektroner vara av storleksordningen en *kvintillion oktillioner*, d. v. s. ett tal som kan uttryckas med en etta och 78 nollor. Ett sådant tal överstiger naturligtvis all mänsklig föreställningsförmåga; likväl skola vi visa, att man i tankarna lätt kan komma till detta tal genom följande tankegång.

Det är ju bekant, att bakterier ha den egenskapen att föröka sig genom klyvning. Av en bakterie uppstår genom delning efter loppet av låt oss säga en timme två, efter loppet av två timmar fyra o. s. v. Vi tänka oss nu i ett vattenglas en enda bakterie; den har, antaga vi, en tjocklek av i runt tal en tusendels millimeter och en dubbelt så stor längd, och den skulle alltså väga ungefär ett billiondels gram. Vidare antaga vi, att på något sätt så mycket näring kan tillföras, att förökningen ej hindras genom brist på näringsmedel. Efter 24 timmar, d. v. s. efter ett dygn, vore där i runt tal 16 millioner bakterier, efter följande dygn 300 billioner, efter tredje dygnet omkring 5 000 trillioner, vilket redan skulle motsvara en vikt av tusentals ton. Under loppet av det sjätte dygnet skulle massan av alla bakterierna bli större än jordklotets massa, under loppet av sjunde dygnet skulle den överskrida solens massa, under loppet av tionde dygnet skulle vikten av alla bakterierna uppgå till världsalltets sammanlagda vikt, och under loppet av det elfte dygnet skulle antalet av alla bakterier, som utvecklat sig ur den första, vara lika stort som antalet elektroner i universum.

Om också *världsalltet* är oerhört stort, synes det dock ingalunda oändligt; det synes fastmer i *sin storlek vara möjligt att fattas med människotanken*. I den oerhörda progression, som leder från atomen till universum, tyckes visserligen människan vara en högst obetydlig bisak, men huru stor synes dock ej människoanden, då det har lyckats henne att trots de mänskliga sinnenas begränsning framtränga till teoretisk klarhet i fråga om såväl atomernas litenhet som världsalltets storhet.

Positiva och negativa elektriska laddningar visa sig i dag vara världsalltets byggnadsstenar. På mångahanda vis äro de ordnade till system, som vi kalla atomer. På anordningen beror den *kemiska naturen* hos atomerna, vilkas inre byggnad återigen är reglerad genom kvantumförhållanden. De elektriska egenskaperna ge upphov till en skenbar *mekanisk* massa. Till följd av sin laddning och sin rörelse framkalla elektronerna ett elektromagnetiskt fält, vilket är periodiskt i tid och rum. Rymden är därför uppfylld av elektromagnetiska vågor med de mest olika svängningstal. Blott ett synnerligen obetydligt område av spektrum kan iakttagas av ögat, människans fullkomligaste sinnesorgan, såsom ljus. Företeelser, i vilka ett stort antal materiella individer deltaga, ge upphov till värmefenomenen. Rum och tid, vari alla företeelser synas försiggå, äro förbundna med varandra till en fyrdimensional mångfald, vars geometri visar sig för oss i den egenskap, som vi kalla *tyngden*.

Den moderna fysiken avslöjar alltså för oss en bild av naturen, vilken karakteriseras av mycket stor enkelhet. I själva verket är icke naturen komplicerad. Endast vägen, som fört oss till den sanna kunskapen, har varit lång och besvärlig, och detta just på grund av människans mycket begränsade sinnen.

ANMÄRKNINGAR.

Anmärkningar till första föredraget.

1. Reflexionslagen upptäcktes redan under forntiden, brytningslagen dock först vid mitten av 1600-talet av Snellius.

2. Under 1700-talet samt under åren 1800—1820 stodo vågteorin och emissionsteorin gentemot varandra. Enligt den förra uppfattades ljuset som mekaniska vågor, enligt den senare uppfattades det såsom materia, d. v. s. bestående av småpartiklar. Till emissionsteorin har väl Newton lagt grunden, om han ock avsiktligt undvek att bestämma sig för en viss hypotes. Det vore dock ej rättvist, om man därför skulle vilja ringakta Newtons förtjänster om den teoretiska optiken. Newtons betydelsefulla upptäckt av ljusets periodiska natur är oberoende av alla speciella föreställningar; ja, från modern ståndpunkt måste man rent av giva företräde åt en teori, som blott helt allmänt talar om periodicitet och icke speciellt om mekaniska vågor.

3. Mellan två likadana tillstånd ligger emellertid en hel period, endast för det fall att icke blott rörelsetillstånden själva äro lika utan även att förändringarna äro lika; matematiskt talat måste i båda dessa fall derivatan i avseende på tiden av den storhet, som mäter tillståndet, ha samma tecken.

4. Denna definition är icke fullt korrekt. Den tjänar också endast till att för lekmannen underlätta förståelsen av det svåra, moderna begreppet våg. En riktig definition, se t. ex. författarens »Einführung in die theoretische Physik» (3:e och 4:e uppl.), § 42.

5. Karakteristisk för denna tankeriktning är Huygens' uttalande, att man inom den verkliga vetenskapen kan fatta orsaken till alla verkningar endast genom att så att säga tänka »mekaniskt», såvida man ej för alltid vill avstå från varje förhoppning att över huvud taget förstå fysiska företeelser. Fysikens mekaniserande tendens gynnades mycket av Cartesius' länge inflytelserika filosofi.

6. Huygens tänkte sig ljusvågorna fullt analoga med luftens ljudvågor och antog dem därför även vara longitudinella.

7. Ljusets hastighet uppgår till 300 000 km. i sekunden. Det behöver alltså omkring åtta minuter att tillryggalägga avståndet från solen till jorden.

8. Etern spelade en stor roll redan i Cartesius' naturfilosofi.

9. I motsats därtill kallar man storheter, vilka, då skalan är given, äro bestämda genom ett enda talvärde, för skalära. Den analytiska mekaniken grundar sig på det faktum, att en vektor är bestämd utom av dess storlek och riktning även av tre skalära storheter, vilka utgöra vektorns komponenter längs axlarna i ett tredimensionalt koordinatsystem.

10. Ljusets transversella natur följer av det faktum, att den ordinära och den extraordinära stråle, i vilka en ljusstråle klyves vid dubbelbrytning i en kristall, under inga omständigheter, vare sig helt eller delvis, kunna bringas att interferera.

11. Enligt elasticitetsteorin kunna nämligen i etern, såvida den är flytande, över huvud blott uppträda longitudinella vågor; transversella äro möjliga jämte longitudinella, endast om man tänker sig etern som en fast kropp. Vill man helt utesluta longitudinella vågor, så återstår intet annat än att tänka sig etern såsom inkompressibel. Med denna föreställning låter dock svårligen det nödvändiga antagandet förena sig, att etern icke gör något motstånd mot himlakropparnas rörelse.

12. Närmare om förskjutningsströmmarna, se t. ex. författarens »Einführung in die theoretische Physik», (3:e och 4:e uppl.), § 66.

13. Det måste uttryckligen talas om positiv laddning, emedan först därigenom riktningen av fältstyrkan kan bestämmas.

14. Wilhelm Weber och hans medarbetare Kohlrausch mätte först medels en elektrometer laddningen hos en Leydnerflaska i elektrostatiskt mått och sände den därpå genom en särskilt konstruerad (s. k. ballistisk) galvanometer, medelst vilken de kunde bestämma i elektromagnetiskt mått hela den elektricitetsmängd (såsom tidsintegral av strömstyrkan), som gått genom galvanometern.

15. Dessa äro den s. k. di-elektricitetskonstanten och den s. k. magnetiska permeabiliteten. Dessa båda storheter angiva, hur många gånger fältstyrkan (den elektriska eller den magnetiska) synes förminskad i ämnet gentemot det värde, som den under annars lika omständigheter skulle ha i tomrummet.

16. Detta samband — Maxwells lag — säger, att dielektricitetskonstanten för ett medium är lika med kvadraten på brytningsexponenten. Hos gaser är detta villkor mycket väl uppfyllt, däremot mycket dåligt för alkohol och särskilt för vatten, vars dielektricitetskonstant är 81, under det att dess brytningsexponent blott är 1,33. Jfr anm. 12 till tredje föredraget.

17. Detta instrument är den s. k. bolometern. Den bygger på det

förhållandet, att det elektriska motståndet hos en platinatråd förändras med temperaturen.

18. Elektriska urladdningsvågor med blott 0.2 mm våglängd ha 1923 framkallats och uppmätts av Nichols och Tear. Före dessa försök var de ultraröda strålarnas område skilt från de elektriska urladdningsvågornas genom en lucka på omkring tre oktaver.

19. Denna teori härstammar från mineralogen Bravais och utformades av honom under mitten av 1800-talet.

20. På experimentalfysikens språk kallar man röntgenstrålarnas färg för hårdhet på grund av deras genomträngningsförmåga. Ju mindre svängningstalet är, desto mjukare sägas röntgenstrålarna vara och tvärtom.

21. Jfr vad som säges i femte föredraget om röntgenspektra.

Anmärkningar till andra föredraget.

1. Demokrit var själv lärjunge till Leukippos.

2. En mekanisk uppfattning av värmet finner man redan hos filosofen Roger Baco. Vid början av 1800-talet uppställde Rumford ånyo den mekaniska värmeteorin och stödde densamma genom betydelsefulla experiment.

3. Detta förhållande betecknas som den mekaniska värmeekvivalenten resp. den termiska arbetsekvivalenten. En värmemängd av en gramkalori, vilken uppvärmer 1 gm vatten från 15° till 16° C, är ekvivalent med det arbete, som utföres, om en vikt på 427 gm lyftes 1 m lodrätt uppåt.

4. Satsen om oförstörbarheten av den mekaniska energin förutsätter i varje fall, att de verkande krafterna ha bestämda egenskaper. Den äger sin riktighet, om mellan kropparna i systemet endast verka krafter, som hava förbindelselinjernas riktning och som blott bero av avståndet, vilket ju är fallet såväl vid gravitationskrafter som för elektriska och magnetiska krafter. Satsen om den mekaniska energins oförstörbarhet finnes i exakt form redan under 1700-talet hos Lagrange. Hur satsen kan tillämpas även utanför mekanikens område (i detta ords trängre mening), har exakt visats först av Helmholtz år 1847.

5. Den kinetiska gasteorin framlades först av Daniel Bernoulli, som offentliggjorde grundtankarna i denna teori redan 1738 i sin då utgivna »Hydrodynamik».

6. Denna uppfattning härstammar från Joule (1851).

7. Den klassiska gasteorin jämför gasmolekylerna med elastiska kulor, vilka ständigt äro utsatta för sammanstötningar. Antalet stötar, som enligt detta antagande en molekyl skulle mottaga under en tidsenhet, kan beräknas ur den inre friktionen. För normalt tryck och

normal temperatur skulle de uppgå till några milliarder i sekunden. Enligt den moderna uppfattningen, vars tillämplighet på gasteorin visserligen ännu ej är exakt genomförd, är det meningslöst att tala om »sammanstötningar». Enligt denna uppfattning äro molekylerna att jämföra med ytterst små planetsystem, från vilkas beståndsdelar elektriska krafter utgå (se femte föredraget). Mellan molekylerna skulle alltså elektriska krafter verka, vilka skulle föra dem ur deras rätliniga banor, desto mer ju närmare molekylerna komma varandra. Molekylernas rörelse skulle alltså förlöpa i sicksackbanor (dock utan skarpa vinklar).

8. Boyle var den, som år 1660 insåg denna lagbundenhet, vilken därför också kallas Boyles lag (även, ehuru felaktigt, Mariottes lag).

9. Denna temperatur framkallades på konstgjord väg av Kamerlingh Onnes med användande av flytande helium i Lindes köldmaskin.

10. Före Clausius beräknades molekylernas hastigheter av Joule, dock felaktigt och utan noggrannhet.

11. Maxwells forskningar rörde framför allt gasernas inre friktion och den lag enligt vilken de olika värdena på hastigheten fördela sig på gasmolekylerna. Hastighetsvärdena äro desto sällsyntare, ju mer de avvika från medelvärdet.

12. Molekylernas relativa storlek, d. v. s. massan hos de olika molekylerna i förhållande till vätgasatomens, hade ju redan långt tidigare varit bekant ur kemiska lagar.

13. Massan hos en vätemolekyl uppgår till $3{,}2 \cdot 10^{-24}$ gm.

14. Mellan de tre storheterna tryck, volym och temperatur finnes ett samband, den s. k. gasernas tillståndsekvation. Känner man alltså två av de tre storheterna, så kan därav den tredje beräknas.

15. Enligt Avogadros lag (1811) innehålla f. ö. alla gaser vid samma tryck och temperatur i lika volymer samma antal molekyler. En cm^3 vid en atmosfärs tryck och en temperatur av 0° C innehåller 27 trillioner molekyler.

16. Dessa försök röra den s. k. opalescensen.

17. Det år 1903 av Siedentopf och Zsigmondy uppfunna ultramikroskopet möjliggör iakttagande av partiklar, vilka i ett vanligt mikroskop icke längre synas, emedan de äro mindre än våglängderna hos synligt ljus. Att de ultramikroskopiska partiklarna, vilka alltså äro mindre än en tusendels millimeter, kunna ses i ultramikroskopet, ehuru de själva icke bli synliga, beror på att ljus, som passerar förbi dem, böjes. Till följd därav visa sig dessa partiklar, vilkas form förblir obekant, såsom små lysande stjärnor.

18. Sannolikhetsgraden för M-fallet skulle ju även genom yttre orsaker kunna höjas. Man skulle ju så t. ex. kunna tänka sig ett filosofiskt-historiskt föredrag över ursprunget till släktnamnen Meier och Müller, vilket givetvis skulle äga ett särskilt intresse för personer med dessa namn.

19. Jfr anm. 11.

20. Protagoras.

21. I termodynamiken spelar entropin en väsentlig roll, i det den vid omvändbara processer förblir oförändrad, men annars alltid tilltager. Såsom Boltzmann insåg, är entropin, så när som på en konstant proportionalitetsfaktor, identisk med logaritmen för sannolikhetsgraden.

Anmärkningar till tredje föredraget.

1. Det noggranna värdet på syrets atomvikt är i förhållande till vätets 15,88. Såsom enhet för den relativa atomvikten använder man dock ej vätets utan sextondelen av syrets atomvikt, vilken blott obetydligt skiljer sig från vätets.

2. Såsom strömmens riktning betecknas den, i vilken den positiva elektriciteten strömmar, eller, vilket är detsamma, den riktning, som är motsatt den, i vilken den negativa elektriciteten strömmar. Då det emellertid är alldeles godtyckligt och konventionellt om man kallar glaselektriciteten positiv och hartselektriciteten negativ och ej tvärtom, är det naturligtvis likaså godtyckligt vilken av de båda »elektroderna» man kallar för anod eller katod. Om till vattnet sättes något syra för höjande av dess mycket ringa ledningsförmåga, visar sig den elektrolytiska sönderdelningen av vattnet vara blott en sekundär effekt; den primära består då i sönderdelningen av syran.

3. Det grekiska ordet ion betyder »den gående».

4. Denna föreställning leder sitt ursprung från Grothuss (1805) och har fått sin egentliga utformning på 1850-talet av Hittorf och Kohlrausch.

5. Enligt Faradays elektrokemiska lagar är den på en bestämd tid elektrolytiskt sönderdelade mängden av ett ämne fullkomligt bestämd genom strömstyrkan och proportionell mot denna. Å andra sidan äro de mängder, som av en ström av bestämd styrka utfällas vid elektroderna ur olika elektrolyter, kemiskt ekvivalenta, d. v. s. de förhålla sig som kvoten av atomvikt och atomvärde.

6. Jfr femte föredraget.

7. Såsom absolut elektrostatisk enhet för elektricitetsmängd kallar man den elektricitetsmängd, som på en annan lika stor mängd på ett avstånd av 1 cm utövar en kraft av en dyn. En dyn är emellertid den kraft, som på en sekund ökar hastigheten hos massan 1 gram med 1 cm per sek. En dyn är något större än vikten av ett milligram.

8. Massan av en väteatom är nämligen lika med $1{,}6 \cdot 10^{-24}$ gm. (Jfr anm. 13 till det andra föredraget.) Den kraft, varmed dessa atomer påverka varandra på ett avstånd av 1 cm, erhålla vi i dyn, om vi höja detta tal i kvadrat och multiplicera det med den universella gravita-

tionskonstanten, vilken uppgår till $6{,}68 \cdot 10^{-8}$ absoluta enheter. Den kraft, som verkar mellan laddningarna, finna vi, om vi helt enkelt kvadrera det tal, som anger det elektriska elementarkvantum i absoluta enheter ($4{,}77 \cdot 10^{-10}$).

9. För att erhålla den elektromagnetiska massan måste man multiplicera kvoten av kvadraten på laddningen och radien med $^2/_3$ och dividera med kvadraten på ljusets hastighet.

10. Ursprunget till Lorentz' teori sträcker sig tillbaka ända till år 1880.

11. Ett exempel på hur tvungna svängningar uppstå erbjuder även det förhållandet, att en bro kan försättas i häftiga svängningar genom att man taktfast marscherar på den, emedan periodiciteten hos marscherandet samverkar med periodiciteten av brons egna svängningar.

12. En mycket god bekräftelse finner elektronteorin, då den tillämpas på dispersionen, i det faktum, att gentemot vågor, vilkas svängningstal nära överensstämmer med en elektrons egenfrekvens, alla ämnen i optiskt avseende förhålla sig som metaller, d. v. s. sådana vågor bliva särskilt starkt reflekterade och absorberade. Man betecknar denna företeelse såsom selektiv reflexion och absorption. Av elektronteorin följer ock, att begreppet dielektricitetskonstant måste fattas strängare än hittills skett. Därav förklaras även de skenbara avvikelserna från Maxwells lag. (Se anm. 16 till första föredraget.)

13. Man skiljer vid Zeemaneffekten mellan longitudinal- och transversaleffekten. Den förra iakttager man, om man ser i de magnetiska kraftlinjernas riktning, den senare, om man ser vinkelrätt mot kraftlinjerna. Vid longitudinaleffekten upplösas i det enklaste fallet spektrallinjerna i s. k. dubletter, vid transversaleffekten i s. k. tripletter.

14. Jfr anm. 2.

15. Kanalstrålarna, vilka upptäcktes år 1886 av Goldstein, utgå från katoden men i motsatt riktning mot katodstrålarna. För att strålarna skola kunna tränga ut, genomborras katoden i form av små kanaler; därav namnet. Besläktade med kanalstrålarna äro de sedermera upptäckta anodstrålarna, vilka utgå från anoden själv.

16. Man torde erinra sig de bekanta egenskaperna hos en strömspiral (solenoid).

17. Föreställningen om molekylarströmmar förskriver sig från Ampère, som först sökte att genom dem (dock utan att tänka sig dem konvektiva) förklara magnetismen (1822).

18. Experimentalfysiken indelar kropparna i tre klasser alltefter deras magnetiska förhållande. Som diamagnetiska betecknas de ämnen, vilka bortstötas av en magnet, som paramagnetiska, sådana, vilka attraheras av en magnet, och en grupp ämnen, vilka äro särskilt starkt paramagnetiska, kallas ferromagnetiska; till de senare höra framför allt järn (därav namnet), nickel, kobolt och även, såsom Heusler upp-

täckte år 1901, vissa legeringar av i och för sig omagnetiska metaller, t. ex. en legering av koppar, mangan och aluminium. De tre slagen av magnetism förklarar elektronteorin genom antagandet, att i alla ämnens molekyler kretsa flera elektroner i sådana riktningar, att deras magnetiska verkningar helt eller delvis kompensera varandra. Hos diamagnetiska ämnen torde denna kompensation vara fullständig, så länge intet yttre magnetfält förefinnes. Uppträder ett sådant (t. ex. genom närmandet av en magnet), så har detta till följd, att induktionsströmmar uppstå, vilka summera sig till molekylarströmmarna, och vilkas riktning är oberoende av dem. Kompensationen blir därför ofullständig, och under inflytande av det yttre magnetfältet förhåller sig nu molekylen själv som en liten magnet. Av Lenz' lag följer, att induktionsströmmarna måste ha sådan riktning, att den alstrade lilla magneten bortstötes av den stora. Hos paramagnetiska ämnen torde kompensationen redan från början vara ofullständig; dock torde dessa från början förefintliga små magneter ligga helt oordnade och därför icke ha några märkbara verkningar utåt. Detta ändrar sig dock under inflytande av ett yttre magnetfält, vilket ordnar de små magneterna. Är paramagnetismen starkare än diamagnetismen, vilken är en egenskap hos all materia, så bortstötes ämnet icke av en magnet utan attraheras. Ferromagnetismen slutligen förklaras av elektronteorin genom antagande av särskilda molekylarkrafter.

19. Hit hör framför allt det av Pierre Curie upptäckta förhållandet, att järn, nickel, kobolt vid bestämda, för de olika metallerna olika temperaturer förlora sin ferromagnetism. Denna s. k. Curie-punkt ligger t. ex. för järn vid 750° C, för nickel vid 375° C. Teorin förklarar detta genom antagandet, att vid Curie-punkten de molekylarkrafter plötsligt förändras, vilka äro ett villkor för ferromagnetismen. Av detta antagande följer, att vid Curie-punkten även måste ske en språngvis ändring av det specifika värmet, och att å andra sidan storleken av detta språng måste sammanhänga med de magnetiska egenskaperna. Detta har också faktiskt bevisats genom experiment.

20. Denna effekt påvisades av den amerikanske fysikern Barnett.

21. Stråle heter radius.

22. Fru Curie lyckades emellertid först 1910 framställa metalliskt radium.

23. Gnista heter scintilla.

24. För detta ändamål placerar man framför det radioaktiva preparatet en med en liten öppning försedd bländare gjord av ett för α-strålar ogenomträngligt ämne. Öppningen gör man så liten, att därigenom blott så många α-strålar kunna uttränga, att de lätt kunna iakttagas på skärmen i mikroskopet. Sedan beräknar man, vilken bråkdel av hela α-strålningen, som går genom denna öppning. (Därför behöver man ju blott känna öppningens storlek och dess avstånd från

preparatet.) Genom att räkna ljusblixtarna, som man på viss tid iakttager i mikroskopet, kan man sedan lätt beräkna, huru många α-partiklar som på samma tid över huvud taget utsänts från preparatet.

25. Man laddar därför genom radioaktiv α-strålning en metallplatta positivt genom att medelst magnetisk avböjning avskilja de samtidigt utsända β-strålarna.

26. Gasen helium upptäcktes först i solens atmosfär (därav namnet: helios = sol), sedermera även i jordens.

27. För den radioaktiva strålningen är det likgiltigt, om preparatet är radiumbromid eller radiumklorid.

28. Atomvikten hos uran, torium och radium äro (beräknade i förhållande till syre = 16) resp. 238, 232, 226.

29. Krafterna äro enligt Coulombs lag som bekant omvänt proportionella mot kvadraten på avståndet.

30. Att t. ex. även radium-emanationen är ett grundämne följer därav, att det har ett karakteristiskt spektrum.

31. Det var sedan gammalt bekant, att luftens joner utgöra kondensationskärnor för luftens vattenånga.

32. Rutherford fördes till sin teori genom iakttagelser rörande α-strålarnas spridning vid passage genom tunna metallblad.

33. Den av Thales uppställda teorin om urämnet bildade utgångspunkt för den hellenska filosofin.

Anmärkningar till fjärde föredraget.

1. De mekaniska förloppen äro bestämda därigenom att tidsintegralen för differensen mellan kinetisk och potentiell energi får sitt minsta värde.

2. Motsatsen till en fullkomligt svart kropp är en fullkomligt speglande.

3. Ett nödvändigt villkor för giltigheten av Kirchhoffs lag är förefintligheten av s. k. termodynamisk jämvikt; alla kroppar, vilka höra till det iakttagna systemet, skola ha lika eller åtminstone icke märkbart olika temperatur.

4. För denna härledning spelar strålningstrycket en väsentlig roll. Av Maxwells teori följer nämligen (såsom redan Maxwell själv insåg), att en kropp, som träffas av elektromagnetiska vågor, därigenom påverkas av ett tryck, vilket kallas strålningstryck. Existensen av strålningstrycket har på experimentell väg först påvisats (år 1901) av Lebedew med tillhjälp av mycket lätta speglar i ytterst luftförtunnat rum.

5. Den temperatur, vid vilken en kropp börjar synbart glöda, är, såsom Draper fann, för alla kroppar densamma; detta är återigen en följd av Kirchhoffs lag.

6. Energifördelningen i spektrums olika delar följer andra formler, om man i stället för våglängderna betraktar svängningstalen.

7. Av Wiens lag följer, att solens temperatur är omkring 6 000° C, om solen anses som en svart kropp. Även ur Stefans lag kan under samma förutsättning soltemperaturen beräknas. Ty man kan ju mäta den uppvärmning, som en av solstrålarna träffad svart yta av given storlek undergår på en given tid. Därigenom kan man beräkna hela den av solen på en sekund utstrålade energimängden och härur åter enligt Stefans lag beräkna soltemperaturen. Även på denna väg kommer man till en temperatur av omkring 6 000°.

8. Wiens konstant uppgår till 0,294 cm/grad.

9. Den ena lagen härleddes av Wien ur hans förskjutningslag; den gäller blott för det ultravioletta spektrum. Den andra lagen har Rayleigh uppställt; den gäller blott för det ultraröda spektrum.

10. De svåra och stor noggrannhet krävande experiment, vilka uppdagade oriktigheten av tidigare strålningslagar och riktigheten av Plancks, utfördes främst av Rubens och Paschen.

11. Man torde observera, att atomens massa blott är hälften så stor som molekylens.

12. Det i den moderna fysiken allmänt med *h* betecknade elementära verkningskvantum uppgår till $6{,}5 \cdot 10^{-27}$ erg/sek; Jfr anm. 7 till tredje föredraget. En erg är lika med det arbete, som uträttas av kraften 1 dyn under en vägsträcka, som är en centimeter; omkring 98 millioner erg äro lika med en kilogrammeter.

13. För fluorescensen gäller Stokes lag, enligt vilken svängningstalet hos fluorescensljuset aldrig är större än hos det ljus, som framkallar fluorescensen.

14. Enligt Einsteins lag är ett ljuskvantum av det ljus, som träffar kroppen, lika med rörelseenergin hos en vid den ljuselektriska effekten lösgjord elektron plus det arbete, som fordras för dess lösgörande.

15. Detta värde är 5,94 kalorier. Jfr anm. 3 till andra föredraget.

16. Vid rumstemperatur uppgår atomvärmet för diamant blott till 1,7, vid — 50° C, såsom upptäcktes redan år 1875, till 0,7. Vid — 187° är diamantens atomvärme blott 0,03, vid —250° 0,00 kal. d. v. s. vid denna låga temperatur är, trots en noggrannhetsgrad vid beräkningarna av två decimaler, specifika värmet praktiskt taget lika med noll. Avtagandet av det specifika värmet vid låga temperaturer har naturligtvis på senare år kunnat påvisas även hos andra ämnen. Så uppgår t. ex. hos koppar, vilken vid rumstemperatur förhåller sig normalt, atomvärmet vid — 186° till 3,38, vid — 240° till 0,54, vid — 250° till 0,22 kal. De experimentella undersökningarna av kroppars förhållande vid de lägsta temperaturer ha huvudsakligen utförts av

Kamerlingh Onnes i Leyden samt av Nernst och hans lärjungar i Berlin.

17. För varje fast grundämne kan man rent teoretiskt bestämma en s. k. karakteristisk temperatur. Blott om den temperatur, vid vilken mätningarna anställas, är högre än den karakteristiska temperaturen, gäller enligt den nya teorin Dulongs lag. För de flesta fasta grundämnen ligger denna karakteristiska temperatur under isens smältpunkt, hos diamant däremot vid omkring 1 700°.

18. Vid mycket låga temperaturer närmar sig den s. k. utvidgningskoefficienten liksom det specifika värmet värdet noll.

19. Inom intet område av den fysikaliska mätningstekniken kan man uppnå en sådan grad av noggrannhet som inom spektroskopin. Spektroskopiska storheter kunna ofta angivas på milliondelen av sitt värde, mången gång ännu noggrannare.

20. Denna lagbundenhet hos alkalimetallerna (litium, natrium, kalium, rubidium, cäsium) har upptäckts av Kayser och Runge.

21. Se Reiche, »Die Quantentheorie, ihre Ursprung und ihre Entwicklung» (Berlin, Springer, 1921 s. 221).

22. Denna är det med 2π multiplicerade s. k. impulsmomentet, som mätes genom produkten av massan, banradien och den lineära hastigheten. Är impulsmomentet givet, så låta alla övriga storheter, vilka karakterisera rörelsen, beräkna sig genom det förhållandet, att den elektriska attraktionen måste vara motsatt riktad mot centrifugalkraften.

23. Omvänt absorberar väteatomen av en infallande strålning blott vågor med sådana svängningstal, vilka satisfiera Balmers formel. Därvid övergår den negativa elektronen (i motsats mot vid emissionen) från ett genom talet m bestämt begynnelsetillstånd till ett sluttillstånd, bestämt genom talet n.

24. Den röda linjen är identisk med Fraunhofers C-linje, den blå med Fraunhofers F-linje.

25. Blott de 20 första linjerna har man kunnat iakttaga i emissionsspektrum från Geisslerrör, de övriga har man blott funnit i spektra av nebulosor. I absorptionsspektrum har man däremot konstaterat närvaron av ända till 50 linjer även vid laboratorieförsök.

26. Den ultravioletta serien upptäcktes av Lyman 1914, den vid övergång till trekvantumtillståndet bildade ultraröda serien av Paschen 1909 och den, som bildas vid övergång till fyrkvantumtillståndet, av Brackett 1922.

27. Helium är viktigt för den teoretiska fysiken, emedan det näst väte är det lättaste och därför tydligen även det enklaste grundämnet.

28. Den ena av dessa serier upptäcktes av astronomen Pickering i ett stjärnspektrum, två andra av Fowler i spektra från Geissler-

rör. De olika serierna för väte och helium bruka benämnas efter sina upptäckare.

29. Detta har påvisats av Paschen (1914).

30. Man torde erinra sig, att störningarna i planetbanorna först förklarades såsom beroende på brister i Newtons gravitationsteori, tills Laplace genom att exakt utbilda teorin för störningarna lyckades påvisa, att de förmenta avvikelserna i verkligheten utgöra bekräftelser på Newtons gravitationslag.

31. Enligt teorin består heliumatomen av en kärna med två positiva elektriska elementarkvanta samt av två negativa elektroner, vilka kretsa omkring kärnan. Avger den neutrala heliumatomen en negativ elektron, så verkar den utåt såsom laddad med ett positivt elementarkvantum, »joniserad». (Jfr tredje föredraget.) Hos den joniserade heliumatomen kretsar alltså liksom vid väteatomen blott en enda negativ elektron, vilken således icke störes genom andra kretsande elektroner; förhållandena äro därför lika enkla som hos väteatomen. Kärnans laddning är dubbelt så stor som väteatomens, varför enligt Bohrs teori Rydbergs konstant i formlerna för heliumserierna bör multipliceras med kvadraten på två.

32. Två kroppars gemensamma tyngdpunkt ligger på deras förbindelselinje och delar deras avstånd i omvänt förhållande till massorna.

33. Så erhöll Millikan värdet av $4{,}774 \cdot 10^{-10}$ elektrostatiska enheter. (Jfr anm. 7 och 8 till det tredje föredraget.) Hava partiklarna mindre radie än omkring en tusendels millimeter, så visar sig emellertid Millikans metod icke längre användbar.

34. Vid en strömstyrka av 96 494 ampère utfälles på en sekund en gramatom av ett envärdigt ämne. Med ett ämnes gramatom menar man så många gram, som anges av atomvikten. (Så t. ex. är en gramatom väte 1,008 gm o. s. v.)

35. Väteatomens massa uppgår till $1{,}662 \cdot 10^{-24}$ gm. I nära sammanhang med denna konstant står det s. k. Loschmidts tal. Det angiver, hur många atomer, som ingå i en gramatom av ett ämne vilket som helst. Loschmidts tal anger alltså det tal, med vilket man måste dividera en gramatom av ett ämne för att få den verkliga massan hos dess atom. Loschmidts tal uppgår till 606 tusen trillioner.

36. Den negativa elektronens massa uppgår till $9{,}00 \cdot 10^{-28}$ gm.

37. Det exakta värdet på det elementära verkningskvantum är $6{,}545 \cdot 10^{-27}$ erg/sek.

38. Jfr författarens populärvetenskapliga uppsats »Die Loschmidtsche Zahl und die modernen Methoden ihrer Bestimmung» (Die Naturwissenschaften, Bd 9, 1921 sid. 180—184).

Anmärkningar till femte föredraget.

1. Upptäckten av de sällsynta metallerna blev möjlig först genom de spektralanalytiska metoderna.

2. Ädelgaserna (med undantag av emanationen) upptäcktes i atmosfären vid slutet av 1800-talet av Ramsay.

3. Jfr anm. 20 till det första föredraget.

4. M-serien upptäcktes av Siegbahn i Uppsala, N-serien påvisades först av Dolejsek. F. ö. har redan Barkla i den av honom upptäckta egenstrålningen skilt mellan en hårdare »K-strålning» och en väsentligt mjukare »L-strålning». Att M- och N-serierna blott kunde påvisas hos element med hög atomvikt förklaras av att de hos andra element ligga mellan det ultravioletta ljuset och röntgenstrålarna. (Jfr det första föredraget.)

5. Direkta, medelst kristaller utförda röntgenspektroskopiska mätningar ha möjliggjort, att grundämnenas naturliga serie kunnat bestämmas från natrium till uran. Indirekta mätningar inom gränsområdet mellan röntgenstrålar och ultravioletta strålar ha å andra sidan gjort det möjligt att följa spektra från natrium nedåt till grundämnet med den näst minsta atomvikten, helium.

6. Avsätter man grundämnenas ordningstal såsom abscissor, såsom ordinator däremot kvadratroten ur frekvensen hos en viss linje, och förbinder punkterna med varandra, så blir kurvan i det allra närmaste en rät linje.

7. En enkel lag tycks förena dessa tal: $2 = 2 \times 1 \times 1$; $8 = 2 \times 2 \times 2$; $18 = 2 \times 3 \times 3$; $32 = 2 \times 4 \times 4$.

8. På grund av den kemiska periodiciteten kan man utan vidare förutsäga den kemiska karaktären hos de fem obekanta grundämnena: N:r 43 och 75 måste vara homologer till mangan. n:r 61 en sällsynt jordart, n:r 85 en halogen och n:r 87 en alkalimetall.

9. Före uppställandet av Bohrs nya teori angående det periodiska systemet antog man sexton sällsynta jordarter, vilka med ordningstalen 57—72 uppfördes i vertikalkolumnerna III a och IV a. Bohrs nya teori ledde nu till den uppfattningen, att det då ännu obekanta grundämnet n:r 72 måste vara en homolog till zirkon, alltså icke en sällsynt jordart, under det att å andra sidan de sällsynta jordarterna blott borde inordnas i gruppen III a. I själva verket lyckades Coster och Hevesy år 1922 att upptäcka det 72:a grundämnet i zirkonmalm; till staden Köpenhamns ära, där upptäckten skedde, erhöll det namnet »hafnium».

10. Vid radium C äger en förgrening av omvandlingsserien rum. Dock undergå nästan alla atomer, nämligen 9 996 av 10 000 den i tabell IV angivna β-transformationen till Ra C' och blott 4 av de

10 000 en α-transformation till ett ämne, betecknat såsom Ra C'', varifrån sedan en β-transformation leder till radium D.

11. Ifrågavarande strålar härstamma egentligen icke direkt från radium C utan från radium C', som ständigt bildas av radium C. (Jfr tab. IV.)

12. Härmed avses ett gram radium samt de däri befintliga omvandlingsprodukterna (som äro i kemisk jämvikt med radium), av vilka dock endast radium C' kan ha någon betydelse för kärnsplittringen, emedan blott radium C' utsänder tillräckligt hastiga α-strålar.

13. Att det vid kärnsplittringen huvudsakligen är frågan om ett explosionsartat förlopp, som utlöses genom α-partikeln, bevisas av det förhållandet, att den kinetiska energin hos en utslungad H-partikel är ända till 40 proc. större än den kinetiska energin hos den α-partikel, som skjutits mot kärnan. Särskilt långtgående H-strålar (med en räckvidd av ända till 90 cm) utsändas av aluminium.

14. Det är platserna från n:r 81 (tallium) till n:r 92 (uran) med undantag av n:r 85 och 87.

15. Såsom nämndes i tredje föredraget åstadkommer även ett magnetiskt fält en avböjning av materiella strålar, om ock på annat sätt än ett elektriskt.

16. Noggrannare uttryckt, såsom heltaliga mångfalder av sextondelen av en syreatoms massa. Jfr anm. 17.

17. Atomvikterna hos de s. k. rena elementen äro naturligtvis i det närmaste hela tal. De ringa avvikelserna låta sig förklara genom satsen om energins tröghet (se sjätte föredraget). Den energimängd, som erfordras för bildandet av en atomkärna ur dess beståndsdelar, anger, om den divideras med kvadraten på ljusets hastighet, den bildade kärnans »massdefekt» i jämförelse med summan av beståndsdelarnas massor. Därför är massan hos heliumatomen mindre än fyra gånger massan hos väteatomen. Omvänt kan man ur differensen sluta sig till heliumkärnans inre energi; den visar sig vara ungefär tre gånger så stor som den kinetiska energin hos de hastigaste α-partiklarna (vilka ju också äro heliumkärnor).

18. Medelst Astons metod kan en isotop påvisas, om den också endast utgör en promille av blandelementet.

19. De inom kemin vanliga analysmetoderna kunna givetvis ej komma till användning.

20. Ett fullständigt särskiljande av isotoperna kan man icke hoppas ernå på denna väg, emedan utbytet blir allt mindre.

21. Studiet av α-strålarna talar för att grundämnenas kärnor äro sammansatta av mindre aggregat, som å sin sida äro bildade av positiva och negativa elektroner. Enär en α-partikel har laddningen $+2$ och massan 4, måste man alltså tänka sig densamma bestå av 4 positiva och 2 negativa elektroner.

22. Tvåatomigheten hos väte, syre, kväve samt hos halogenerna framgår av undersökning angående volymförhållandena vid gasreaktioner på grund av Avogadros lag. (Jfr andra föredraget, anm. 15.) Så förenas t. ex. en liter vätgas och en liter klorgas till två liter klorväte. Enligt Avogadros lag måste efter reaktionen finnas lika många klorvätemolekyler som summan av de ursprungliga väte- och klormolekylerna. Men då varje klorvätemolekyl måste bestå av åtminstone två atomer, nämligen en klor- och en väteatom, så måste även molekylerna av dessa båda grundämnen vara sammansatta av två atomer.

23. Treatomigt syre kallas ozon. Treatomigt väte påvisades av J. J. Thomson medelst kanalstrålsanalys.

Anmärkningar till sjätte föredraget.

1. Då enligt Newtons andra rörelselag icke hastigheten utan endast hastighetsändringen är bestämd genom kraften, så ha rörelseekvationerna samma form för två system, som röra sig likformigt i förhållande till varandra. Det är därför omöjligt att genom att iakttaga rörelsen i ett system utröna, huruvida systemet rör sig likformigt eller ej, och att avgöra, om systemet befinner sig i rörelse eller vila. Detta förhållande utgör innehållet i den av fysikerna sedan länge kända s. k. mekaniska relativitetsprincipen.

2. För detaljerna i Michelsons försök se t. ex. framställningen i Einsteins populärvetenskapliga broschyr »Die spezielle und die allgemeine Relativitätstheorie» (Sammlung Vieweg, Braunschweig, Hefte 38).

3. Att den klassiska fysiken i flerfaldiga avseenden led av inre motsägelser, har redan före framläggandet av relativitetsteorin ådagalagts av Mach och Poincaré (i viss mening teorins filosofiska förelöpare) i deras mycket spridda teoretiska arbeten.

4. Att föreställningen om en absolut tid blev en dogm är till stor del att tillskriva Newtons stora inflytande.

5. Redan före framläggandet av Einsteins relativitetsprincip har Lorentz för att förklara Michelsons försök gjort det antagandet, att en stav, som befinner sig i rörelse, synes förkortad. Man talar därför också om en Lorentz-kontraktion.

6. De klassiska formlerna för sammansättning av hastigheter, såsom satsen om hastigheternas parallellogram, ha därför ej mer allmän giltighet.

7. Har en kropp i förhållande till en iakttagare, för vilken den tycks befinna sig i vila, massan m_0 (den s. k. vilomassan), vidare i förhållande till en annan iakttagare den relativa hastigheten v, och

vi så beteckna ljusets hastighet med c, så är kroppens massa för den andre iakttagaren $m_0/\sqrt{1-v^2/c^2}$. Massan hos en kropp i rörelse tyckes alltså förstorad.

8. Till följd av sin massa har alltså varje kropp en s. k. inre energi, vilken är lika med produkten av dess vilomassa och kvadraten på ljusets hastighet. I förhållande till den inre energin är den s. k. kinetiska energin (vilken naturligtvis blott har relativ betydelse) i allmänhet försvinnande liten. T. o. m. den levande kraften hos en avfyrad gevärskula skulle utgöra blott ungefär en tusenmilliondel av dess inre energi.

9. Den minskning i massa, som är betingad av värmeutvecklingen, får naturligtvis icke förväxlas med minskningen av radium själv genom att emanation bildas.

10. Vi beteckna de tre rymdkoordinaterna med x, y, z, tiden med t, och ljusets hastighet med c; vi beteckna å andra sidan i en fyrdimensional geometri de fyra koordinaterna med x_1, x_2, x_3, x_4; dessa fyra koordinater transformeras då efter vissa formler, när man vrider det fyrdimensionella axelsystemet. Enligt Minkowskis framställning av relativitetsprincipen bibehålla formlerna sin giltighet, om man i dem ersätter de fyra storheterna x_1^2, x_2^2, x_3^2, x_4^2 genom de fyra storheterna x^2, y^2, z^2 och $-c^2t^2$. Påståendet att det ej kan finnas en absolut rörelse, synes från Minkowskis ståndpunkt likbetydande med att i Minkowski-världen ingen riktning på något som helst sätt kan ha företräde framför de övriga.

11. På Wiens geografiska bredd uppgår den östliga avvikelsen vid en fallhöjd på 100 meter till ungefär 1 $^1/_2$ cm.

12. Särskilt åskådligt är det av Einstein själv givna exemplet: en fysiker, instängd i en stor låda någonstädes i världsrymden. Lådan tänkes fästad vid ett rep, som leder genom ett block och vari drages, så att accelerationen blir konstant. Den i lådan inneslängde fysikern, som icke vet något om världen utanför lådan, ingenting om blocket och repet, skall naturligtvis konstatera ett tyngdfält (vilket, om vi tänka oss lådan på jorden i stället för i världsrymden, kommer att addera sig till det jordiska tyngdfältet).

13. Därvid är naturligtvis förutsatt, att inga yttre krafter verka på kroppen, till vilka äro att räkna elektromagnetiska krafter men (enligt den nya uppfattningen) icke längre s. k. tyngdkrafter.

14. Därför betecknas tensorn som den metriska fundamentaltensorn.

15. Om förskjutningen mot rött är faktisk, skulle, vid mätningsmetodernas fulländning, därur kunna dragas ytterligare slutsatser rörande stjärnornas storlek.

16. Hälften av effekten hade Einstein förutsagt år 1911, alltså redan före uppställandet av den allmänna relativitetsteorin, tack vare

de båda satserna om energins tröghet och om identiteten mellan trög och tung massa. Redan år 1914 ämnade en tysk expedition i Syd-Ryssland iakttaga den förutsagda effekten vid solförmörkelsen i augusti samma år, men denna plan omintetgjordes genom krigsutbrottet.

Anmärkningar till sjunde föredraget.

1. En fixstjärnas avstånd angives vanligen genom den s. k. parallaxen. Denna definieras såsom den vinkel, under vilken jordbanans radie synes från ifrågavarande stjärna.

2. Den ljusstarkaste stjärnan i varje stjärnbild betecknas med α.

3. Såsom avståndsenhet använder den moderna stellarastronomin »stjärnvidden», vilken även kallas »parsec». Detta är det avstånd, som motsvarar en parallax av en bågsekund. En parsec är lika med 3 $^1/_4$ ljusår eller cirka 31 billioner kilometer.

4. Detta avstånd motsvarar fem parsecs eller en parallax av 0,2 sekunder.

5. Detta viktiga resultat härleder sig från Huggins (1863).

6. På mellan-Europas geografiska bredd ser man under första delen av sommarnatten Lyrans stjärnbild ungefär i zenit.

7. Objektivt sett saknar givetvis skillnaden mellan visuella och spektroskopiska dubbelstjärnor varje betydelse.

8. Under det att den absoluta ljusstyrkan är beroende av den energimängd, som under en tidsenhet utstrålar från en stjärnas yta, beror dess skenbara ljusstyrka på den energimängd, som jorden under samma tid mottager från stjärnan. Bruket att indela stjärnorna i storleksklasser sträcker sig tillbaka till forntiden. Redan då fördes de ljusstarkaste stjärnorna till första storleksklassen; de ljussvagaste men dock med blotta ögat synliga utgjorde sjätte klassen, under det att de stjärnor, vilkas skenbara ljusstyrka låg däremellan, hänfördes till andra, tredje, fjärde och femte klasserna. Uppfinningen av kikaren och dess utveckling ledde till införande av nya storleksklasser i denna skala, som uppställts endast medelst ungefärlig uppskattning. Vid den stora »stjärnmönstringen» i Bonn åren 1859—1862 klassificerades sålunda över 300 000 stjärnor från första till nionde storleken. De senare, mera exakta fotometriska mätningarna visade, att i denna på uppskattning grundade skala skillnaden mellan storleksklasserna tämligen noga motsvaras av ett förhållande mellan de skenbara ljusstyrkorna ungefär = 2,5. I den moderna, exakta skalan antager man, att skillnaden mellan två storleksklasser motsvarar ett förhållande mellan ljusstyrkorna = 2,512, vilket tal f. ö. är lämpligare för räkningarna än 2,5, enär dess logaritm är jämnt 0,4000; en skillnad på en tiondels

storleksklass motsvaras då av en skillnad i logaritmerna för ljusstyrkorna på 0,0400 o. s. v. Såsom utgångspunkt för denna moderna skala har man tagit de stjärnor, vilka vid mönstringen i Bonn erhöllo storleksklasserna 5,5 till 6,5, och för vilka denna storleksbeteckning bibehölls. För många stjärnor av mycket stor skenbar ljusstyrka erhållas sålunda i denna moderna skala värden, som äro mindre än 1, ja, t. o. m. mindre än 0, alltså negativa. Så uppgår den skenbara ljusstyrkan för stjärnan Kanopus till —0,9, för Sirius till —1,6, för solen till —27. Under det man med blotta ögat endast kan se stjärnor upp till sjätte storleksklassen, kan man i nutidens bästa teleskop iakttaga stjärnor upp till sextonde storleken; fotografiska bilder äro möjliga upp till tjuguförsta storleksklassen. Den absoluta ljusstyrkan hos en stjärna definieras såsom den skenbara ljusstyrka, som ifrågavarande stjärna skulle ha på ett avstånd av tio parsecs (32,6 ljusår). Enligt denna definition är t. ex. den absoluta storleken hos vår sol lika med +5, under det att de absolut taget ljusstarkaste stjärnorna ungefär äro av den absoluta storleken —4.

9. Vid dubbelstjärnor av typen Algol kunde naturligtvis redan tidigare diametern tillnärmelsevis beräknas genom iakttagelser av ljusvariationen (under vissa förenklande antaganden).

10. En populär redogörelse för Michelsons metod återfinnes i Elis Strömgrens »Astronomiska miniatyrer» (Sthlm 1921, Wahlström & Widstrand; översatt till tyska, Springer, Berlin 1922).

11. De s. k. heliumstjärnorna utgöra B-klassen, vätestjärnorna A-klassen. Av de gula stjärnorna hänföras de gulvita (t. ex. Procyon) till F-klassen, de egentligt gula (t. ex. solen eller Kapella) till G-klassen och de mörkgula (såsom Arkturus) till K-klassen. De röda stjärnorna tillhöra mestadels M-klassen. Därjämte finns det ytterligare andra klasser, och inom varje klass skiljer man mellan olika underavdelningar, vilka anges genom index. Valet av bokstavsbeteckningar, vilket kan synas godtyckligt, förklaras av att klasserna ursprungligen betecknades med de löpande bokstäverna i alfabetet, men att det sedermera under tidernas lopp visade sig ändamålsenligt att företaga utelämningar och omkastningar i den från början bildade serien.

12. För de mera omfattande forskningarna på detta område ha vi framför allt den indiske fysikern Megh Nad Saha att tacka. Jfr härom t. ex. »Die Naturwissenschaften», 9, 1921, sid. 863—872.

13. Jfr vad som i fjärde föredraget sagts om Plancks strålningslag och Wiens förskjutningslag.

14. En föregångare till Russel var redan A. Ritter (1883).

15. Objektivt sett kan man således icke gärna tala om en stjärnas »slocknande».

16. Jfr anm. 4 till fjärde föredraget.

17. Den värmemängd, som en kvadratcentimeter vid atmosfärens

övre gräns mottager genom direkt solstrålning under en minut, är lika med 3,0 kalorier.

18. Solens ständiga energistrålning motsvarar en effekt av mer än en halv kvadrillion hästkrafter. Den av jorden på viss tid mottagna energin är visserligen två milliarder gånger mindre än den under samma tid från solen utstrålade energin, men den motsvarar dock en effekt av cirka 250 billioner hästkrafter.

19. Solens massa uppgår som nämnts till två kvintillioner kilogram med en diameter av 1 390 000 km eller 110 jorddiametrar. Vid användning av satsen om energins tröghet måste man för att få massan uttryckt i gram uttrycka energin i erg och ljushastigheten i cm/sek.

20. W. Nernst, Das Weltgebäude im Lichte der neueren Forschung, Berlin (Springer) 1921.

21. Då atomvikten hos uranbly (såsom redan nämnts i femte föredraget) uppgår till 206,05 och hos vanligt bly till 207,2, så följer därav t. ex. med en hos bly iakttagen »atomvikt» av 206,4, att 70 procent av blyet är bildat ur uran och 30 procent härrör från en förorening.

22. Bråkdelen av de årligen sönderfallande atomerna får man genom att dividera den naturliga logaritmen för 2 (0,693) med den i år uttryckta halveringstiden.

Anmärkningar till åttonde föredraget.

1. Såsom föränderliga betecknar man alla stjärnor, hos vilka den skenbara ljusstyrkan uppvisar periodiska förändringar. Dessa förändringar äro hos de i sjunde föredraget nämnda Algolstjärnorna endast skenbara, d. v. s. de uppstå utan förändring av den absoluta ljusstyrkan. En annan typ av föränderliga stjärnor representeras av en stjärna i Valfisken (Mira Ceti), vars periodiska växling i ljusstyrka väckte astronomernas uppmärksamhet redan före uppfinningen av kikaren. Denna stjärna har en tämligen konstant period på omkring 300 dagar; under tiden för sin största ljusstyrka är den fullt synlig för blotta ögat men däremot under större delen av perioden så svag, att den ej kan ses med obeväpnat öga. Den moderna astronomin känner ungefär 600 s. k. Mirastjärnor; de äro alla av röd eller gulröd färg. Såsom en möjlig orsak till växlingen i ljusstyrka antager man, att de i likhet med solen på sin yta uppvisa mörka fläckar, som de genom långsam vridning runt sin axel tidvis vända mot oss. Är denna förklaring riktig, så skulle det alltså icke heller vid Mirastjärnorna vara fråga om en verklig förändring av den absoluta ljusstyrkan. En sådan antages däremot hos cepheiderna. På en hastig ökning av ljusstyrkan följer hos dem ett långsamt avtagande, och samtidigt med

ljusstyrkan förändras även spektraltypen och radialhastigheten. En tillfredsställande förklaring på växlingen i ljusstyrka hos cepheiderna har man hittills icke lyckats finna; närmast tror man på egenartade pulsationer, som cepheiderna skulle utföra. Till de föränderliga stjärnorna (i ordets vidare mening) höra även de s. k. nya stjärnorna eller Nova. Detta är de ursprungligen svagt lysande himlakroppar, vilkas ljusstyrka till följd av en inträffad störning plötsligen mycket starkt tilltager (stundom inom få dagar 25 000 gånger) för att sedan småningom åter avtaga. Trots att man redan i forntiden iakttagit, att nya stjärnor kunde flamma upp, väckte dock en av Tycho Brahe år 1572 upptäckt Nova det allra största uppseende. Den visade sig i stjärnbilden Kassiopeia. Denna s. k. Tycho Brahe-Nova nådde en så stor skenbar ljusstyrka, att den liksom Venus var synlig i klart dagsljus; efter två år däremot var den försvunnen för det mänskliga ögat och undandrog sig därmed — emedan det då ännu ej fanns kikare — även astronomiska iakttagelser. En ny mycket ljusstark stjärna visade sig år 1918 i Örnens stjärnbild; då den var som mest ljusstark, överträffade den Vega i glans. Hos alla nya stjärnor, vilka f. ö. genomgående visa en märklig färgförändring och en fortlöpande ändring i avseende på spektraltyp, är det naturligtvis ej fråga om uppkomsten av nya himlakroppar utan blott om en stegring från ringa ljusstyrka till en mycket stor, skenbar sådan. Sålunda var även den nya stjärnan av år 1918 redan före sitt uppflammande möjlig att iakttaga på fotografiska plåtar; men inom några dagar steg den skenbara ljustyrkan från elfte storleksklassen nästan upp till storleksklassen = —1.

2. Jfr anm. 6 till femte föredraget!

3. Antalet beror på det iakttagande ögats individuella egenskaper.

4. Redan förut hade astronomerna medelst statistiska betraktelser försökt sig på att uppskatta storleken av Vintergatan; de hade emellertid härvid kommit till väsentligt lägre tal än Shapley.

5. Från spiralnebulosorna måste man skilja de s. k. äkta nebulosorna, vilka tillhöra vår närmaste omgivning. Mest kända bland dem är den stora Orionnebulosan och Ringnebulosan i Lyran.

6. Ännu för helt kort tid sedan ansåg man att spiralnebulosorna voro självständiga system, på avstånd av mer än en halv million ljusår. Genom de allra nyaste forskningsresultaten, vilka för de fullt synliga spiralnebulosorna visade vida mindre avstånd, har denna uppfattning blivit ohållbar och därmed även den hypotesen, att hela vårt Vintergatssystem blott skulle vara en enda spiralnebulosa.

7. Jfr anm. 8 till tredje föredraget!

KRONOLOGISK ÖVERSIKT.

1820. *Örsted* upptäcker elektromagnetismen.
1831. *Faraday* upptäcker induktionsströmmarna.
1833. *Faraday* upptäcker grundlagen för elektrokemin.
1837. *Bessel* bestämmer för första gången avståndet till en fixstjärna.
1842. *Doppler* upptäcker den efter honom uppkallade principen.
1842. *Mayer* och *Joule* upptäcka, att ett konstant förhållande finnes mellan värme och mekaniskt arbete.
1845. *Faraday* konstaterar i magnetismen en gemensam, universell egenskap för alla ämnen.
1856. *Weber* finner en elektrisk konstant lika med ljusets hastighet.
1857. *Clausius* lägger grunden till den kinetiska gasteorin.
1859. *Plücker* upptäcker katodstrålarna.
1859. *Kirchhoff* uppställer den fundamentala principen för strålningen.
1860. *Kirchhoff* och *Bunsen* grundlägga spektroskopin.
1865. *Loschmidt* uppskattar molekylernas storlek.
1866. *Boltzmann* förklarar irreversibiliteten från molekylarstatistikens ståndpunkt.
1869. *Lothar Meyer* och *Mendelejeff* upptäcka grundämnenas periodiska system.
1873. *Maxwell* grundar den elektromagnetiska ljusteorin.
1876. *Rowland* bevisar experimentellt existensen av konvektionsströmmar.
1879. *Stefan* upptäcker den efter honom uppkallade strålningslagen.
1881. *J. J. Thomson* bildar begreppet elektromagnetisk massa.
1885. *Balmer* finner lagbundenheten i vätespektrum.
1888. *Hertz* bekräftar genom sina försök *Maxwells* teori.
1893. *Wien* upptäcker förskjutningslagen.
1895. *Lorentz* grundlägger elektronteorin.
1895. *Röntgen* finner de efter honom uppkallade strålarna.
1896. *Becquerel* upptäcker radioaktiviteten.
1896. *Zeeman* upptäcker den magnetisk-optiska effekten, uppkallad efter honom.
1898. Makarna *Curie* upptäcka radium.
1900. *Planck* grundlägger kvantumteorin.

1900. *Planck* finner den allmänna strålningslagen.
1900. *Planck* bestämmer det elementära verkningskvantum och är den förste, som noggrant beräknar väteatomens massa och det elektriska elementarkvantum.
1900. *Rutherford* upptäcker emanationen.
1902. *Rutherford* och *Soddy* skapa teorin om atomernas sönderfallande.
1903. *Ramsay* och *Soddy* påvisa att helium bildas av emanation.
1905. *Einstein* uppställer relativitetsprincipen.
1905. *Einstein* skapar satsen om energins tröghet.
1905. *Einstein* grundar teorin om ljuskvanta.
1905. *Barkla* upptäcker grundämnenas karakteristiska strålning.
1906. *Nernst* uppställer sin nya värmesats.
1907. *Einstein* tillämpar kvantumteorin på fasta kroppars specifika, värme.
1908. *Minkowski* skapar begreppet om en värld i fyra dimensioner förenande rum och tid.
1910. *Soddy* grundlägger uppfattningen av isotopin.
1912. *Laue* upptäcker röntgenstrålarnas interferens i kristaller.
1913. Hrr *Bragg*, far och son, upptäcka kristallernas struktur.
1913. *Moseley* grundlägger röntgenspektroskopin.
1913. *Bohr* grundlägger kvantumteorin för spektra och för atomernas byggnad.
1913. *Soddy* och *Fajans* finna grundämnenas omvandlingslag.
1914. *Russel* uppställer sin teori för stjärnornas utveckling.
1915. *Einstein* grundlägger den allmänna relativitetsteorin.
1915. *Sommerfeld* förklarar spektrallinjernas finstruktur.
1916. *Eddington* förklarar stjärnornas inre jämvikt.
1916. *Shapley* utforskar Vintergatans utbredning.
1917. *Einstein* uppställer sin kosmologiska gravitationsteori.
1919. *Rutherford* upptäcker, att väte bildas av kväve.
1919. *Aston* grundar mass-spektroskopin.
1920. Första mätningen av fixstjärnors diametrar.
1921. *Bohr* förklarar grundämnenas periodiska system från kvantumteorins ståndpunkt.

NAMNREGISTER.

(Upptager ej i anmärkningarna förekommande namn.)

SAKREGISTER.

(Avser ej anmärkningarna.)

P. A. NORSTEDT & SÖNERS FÖRLAG

Carl Störmer

FRÅN VÄRLDSRYMDENS DJUP TILL ATOMERNAS INRE

Övers. från norska av P. Valberg
Häft. kr. 3: —.

Hans Thirring

RELATIVITETSTEORIENS GRUNDTANKAR

Bemyndigad övers. från originalets första upplaga
Häft. kr. 3: —.

Pris 3 kr. 25 öre.

Stockholm 1925. P. A. Norstedt & Söner. 240562